全球导航卫星系统（GNSS）干扰与抗干扰

GNSS Interference Threats and Countermeasures

〔美〕 Fabio Dovis 等编著

张爽娜　王　盾　岳富占　李申阳
董启甲　徐振兴　陈耀辉　　　　　译

国防工业出版社

·北京·

著作权合同登记　图字:军-2016-092号

图书在版编目(CIP)数据

全球导航卫星系统(GNSS)干扰与抗干扰/(美)法
比奥·多维斯(Fabio Dovis)等编著;张爽娜等译. —
北京:国防工业出版社,2024.4 重印
　书名原文:GNSS Interference Threats and
Countermeasures
　ISBN 978-7-118-12602-0

　Ⅰ.①全… Ⅱ.①法… ②张… Ⅲ.①卫星导航-全
球定位系统-抗干扰措施-研究 Ⅳ.①TN967.1

　中国版本图书馆 CIP 数据核字(2022)第 194139 号

※

国防工业出版社出版发行

(北京市海淀区紫竹院南路 23 号　邮政编码 100048)
北京虎彩文化传播有限公司印刷
新华书店经售

*

开本 710×1000　1/16　印张 9¼　字数 160 千字
2024 年 4 月第 1 版第 2 次印刷　印数 1501—2300 册　定价 88.00 元

(本书如有印装错误,我社负责调换)

国防书店:(010)88540777　　书店传真:(010)88540776
发行业务:(010)88540717　　发行传真:(010)88540762

前　言

写一本书永远是文本的完整性与内容承载性之间的较量。本书针对卫星导航系统中抗干扰话题,围绕抗干扰理论、接收机结构以及实现方法进行了全面深入的阐述。

作者在这本书中所遵循的方法是在两个极端之间找到平衡点,为读者提供一个相当完整的不同主题的概述描述,包括一个完善的参考文献列表,同时展示最具使用前景以及最具创新性的抗干扰技术。

干扰威胁的主题是热点话题,新的抗干扰措施仍在不断涌现。本书侧重于描述抗干扰方法的原理,对于不同方法的详细描述,感兴趣的读者可以查阅参考文献。

虽然第 1 章介绍了卫星导航接收机的一些基本原理,但本书是针对已有卫星导航原理和全球导航卫星系统知识的工程师和研究人员编写的。

我们希望这本书能帮助工程师和科学家更好地理解干扰和欺骗威胁,进而帮助他们设计和实现能够应对这些威胁的更加先进的稳健系统。

致　　谢

　　大约 15 年前,我开始与我的同事兼朋友 Paolo Mulassano 研究卫星导航,那时绝没有料到未来有一天,我会有幸成为一本卫星导航主题书籍的作者。感谢实现这一里程碑的过程中多年来给予我指导的人:同事、朋友和 NavSAS 小组的学生。首先,感谢 Letizia Lo Presti 教授,是他教给我们所有人在研究工作中需要激情和成为高效团队所需要的精神。我还要特别感谢这项工作的贡献者 Emanuela、Beatrice、Marco、Davide 和 Luciano,没有他们的帮助,我们就无法完成这项任务。

Fabio Dovis
2015 年 1 月

目　　录

第1章 干 扰 威 胁

Fabio Dovis

1.1 本书介绍

越来越多的应用服务对可靠定位与导航提出了迫切需求,尤其在公共服务、消费产品以及高安全性相关的服务领域。具有普适性和鲁棒性的定位方法,随着社会服务领域与日俱增,而变得至关重要。现代社会对全球卫星导航系统(Global Navigation Satellite System,GNSS)高度依赖,卫星和无线电导航不断加速发展。随着欧洲"伽利略"卫星导航系统、中国"北斗"系统的发展,以及美国全球定位系统(GPS)和俄罗斯全球卫星导航系统 GLONASS 的现代化升级,有更多种类的信号可供选择,从而保障定位导航性能的提升,使大量的新型应用得以实现。如今,除了实现定位和导航以外,利用 GNSS 获取稳定的时间基准已经被越来越多的应用所依赖。

尽管 GNSS 技术可以提供精确的全球定位、速度和时间估计,但它极易受到威胁。由于 GNSS 信号落地功率电平极低,因此特别容易受到有意和无意的射频干扰(RFI)。正是 GNSS 信号的这个弱点,以及 GNSS 信号所在频段十分拥挤,致使 GNSS 服务容易受到其他通信系统的干扰。GNSS 受到干扰的一个最新案例是美国的 LightSquared 案,这个案例中的 GPS L1 频段接收机因受到干扰而无法正常工作[1]。另外一种 GNSS 受到的威胁,是以扰乱目标接收机为目标的故意攻击,这种伪造 GNSS 类似信号的恶意传输称为欺骗,欺骗式干扰也会对民用接收机产生巨大危险。随着越来越多的应用和基础设施开始依赖 GNSS 位置和时间信息,GNSS 干扰和 GNSS 接收机欺骗逐渐成为威胁。人们很容易理解基于 GNSS 的民用基础设施具有一定的脆弱性,但很少有人意识到通过软件接收机和看上去并不起眼的射频前端组成的自制欺骗装置就能够产生严重攻击。最近,美国德克萨斯州奥斯汀大学的研究人员证明了这一点[2]。像通信网络、农业、渔业和公路收费等依赖 GNSS 的应用市场将受到欺骗活动的深刻影响。这些欺骗活动是为了逃避公共管理或服务供应商的监管。

随着民用 GNSS 使用量的增长,无意干扰、恶意干扰和欺骗是民用领域面临的安全挑战。在一些应用中,为了保证可靠的位置和时间估计,必须要检测这些干扰。通过干扰检测采取抗干扰措施,从而提供稳健的 GNSS 位置和时间服务,可以保护人或者基础设施的安全,这里的基础设施是指依赖 GNSS 获取时间位置的电网、配电网络或通信网络等。对于关注安全性的 GNSS 接收终端来说,关注干扰及欺骗是十分重要的。在一些应用中,例如运输应用相关的特定服务(航空、海事、铁路和公路)、敏感物品(如医疗或危险品)的紧急追踪监视、金融和担保等,评估潜在干扰对这些应用可能造成的影响是必须考虑的问题。

本书的目的是对 GNSS 接收机的主要干扰源和欺骗源进行总览,讨论降低干扰对接收机定位性能影响的方法,以及保护民用 GNSS 接收机免受无意干扰和有意干扰的方法。本书介绍有意干扰和无意干扰以及欺骗的检测方法(并可能减轻)和对策。本书所研究的技术是建立在 GNSS 接收机的计算能力不断提高的前提下的,只有这样,更为复杂的信号处理算法才能在 GNSS 接收机中得以实现。基于芯片、可编程硬件和纯软件 GNSS 接收机在不丢弃测量值的前提下,都可以承载更复杂的干扰抑制算法从而减轻干扰影响。这类算法可以对原始采样信号进行处理,这会使告警更加及时且精细,同时具有更好的可观性。发展创新算法的目的是改进各种应用和基础设施对恶意攻击的防御机制。

1.2 什么是干扰?

众所周知,伪距是通过测量卫星信号向用户传播时间来实现测距的,伪距估计质量会受到几种现象的影响。在测量卫星信号向用户传播时间的过程中,任何与接收信号产生相互作用的电磁信号都会干扰测量结果。本书主要关注由通信系统产生的有意或无意的人为射频干扰。接下来的章节介绍这些人为干扰的来源,以及用于检测和减轻其影响的接收机技术。需要注意的是,本书会对 GNSS 定位性能造成威胁的其他类型干扰进行简要讨论,但在本书中没有专门讨论,因为这类干扰的检测和抑制必须遵循某些特殊方法。

1.2.1 自然干扰

在考虑信号在大气中的传播时,必须考虑电离层的影响,因为电离层会对信号传播时间产生影响。电离层中的电子密度会影响全球导航卫星系统信号的传播延迟。这种误差可以在单频测量时利用电离层模型进行部分修正,也可以在双频测量时进行完全修正。然而,在某些情况下,由于电子密度不均匀,可能会引入信号幅度和相位的波动,进一步破坏波的传播,这类现象通常称为闪烁[3]。GNSS 信号受闪烁影响的频率取决于太阳和地磁活动、地理位置、季节、当地时间和信号频率。闪烁可以认为是一种对 GNSS 信号产生影响的自然干扰,它会导致信号衰落和信号载波频移,在一些情况下会对 GNSS 接收机产生强烈的影响。这些现象会导致接收机发生频繁的相位周跳和卫星信号失锁,因此应对强电离层事件引起的信号幅度衰减和频率变化是 GNSS 接收机设计中的一项重要挑战。

1.2.2 多径

当用户设备接收到除了直接视距信号之外的反射信号时,就会发生多径。在陆地导航中的反射信号主要来自地面、建筑物或树木,而在机载和海洋应用中来自母艇体的反射信号则更为常见。多径可以是由光滑表面产生的镜面反射,也可以是由粗糙表面漫反射或衍射产生的信号。

在某种意义上,多径是一种自干扰,因为干扰信号是直达信号本身的复制品。

1.2.3 系统间及系统内部干扰

GNSS 接收机天线收到的某个特定频率的信号是所有可见卫星播发的该频率信号的叠加。GNSS 射频兼容性解决了系统内(来自同一系统)和系统间(来自其他系统)的干扰问题。来自同一卫星星座的信号在理论上是正交的(通过码分多址或频分多址),因此可以通过接收机处理实现不同卫星信号的分离。但是,这样的正交性并不完美,接收机处理后的残余功率会产生系统内干扰。

多个 GNSS 在相同载波播发信号时,来自另一个 GNSS 信号的部分功率会扰乱自身系统播发的信号,这种干扰称为系统间干扰。为了保证系统间干扰低于可接受的最高干扰电平(如文献[6-7]),在系统设计阶段引入了等效载噪比理论[5]。系统内和系统间干扰是在 GNSS 设计阶段需要解决的问题,常规 GNSS 用户是无法解决这类问题的。

由于新的 GNSS 卫星星座的可用卫星数量不断增加,GNSS 接收机同时可见卫星数量随之增多,这意味着系统间干扰也随之增加。然而,用户 GNSS 接收机只能通过定向天线从空间上滤除不感兴趣的 GNSS 信号。

1.2.4 人为干扰:有意和无意干扰

GNSS 信号功率电平较低是 GNSS 的固有缺点,任何类型 GNSS 接收机的性能都会受此影响。所有载波频率接近 GNSS 信号频率的通信系统信号都是 GNSS 接收机的潜在干扰源,甚至通信系统在其允许带宽内播发信号的微小泄漏也会对 GNSS 信号产生影响。尽管无意干扰事件一般是不可预知的,但它们的存在已经被证实。而无线通信基础设施数量正在不断增加,当无线通信设备发射的信号频段与 GNSS 频段相邻时,其产生的一些功率泄漏会在一定区域内影响 GNSS 接收机的性能。干扰功率的产生原因很多,但主要是由通信发射机中互调产生的谐波或杂散分量造成的。

干扰是指故意播发噪声信号掩盖 GNSS 信号,从而来阻碍导航服务。干扰机的恶意目的是让接收机失锁,并阻碍信号的重新捕获。干扰威胁在军事应用中广泛存在,但近年来,基于 GNSS 的应用也越来越多地受到了干扰的影响。涉及安全和关键责任操作(例如港口安全导航、智能停车收费系统、基于 GNSS 的电网同步等)的系统可能受到干扰攻击的严重损害。必须重视干扰对接收机的影响程度,因为便携式干扰机在网上就能买到,而且成本非常低。虽然干扰机的使用是不合法的,但在利益的驱使下,有人愿意违法对 GNSS 进行干扰。在一些文献中,有学者讨论了商业干扰机的特性及其对 GNSS 接收机的影响,结果表明即使位于 9km 以外(参阅文献[8 - 9]),干扰机也会影响 GPS 接收机的功能。故意传输类似 GNSS 信号的行为称为欺骗,尽管客观上也是对接收机造成干扰,但之所以称为欺骗,目的是与传统的带内强干扰信号区分开来。在本书第 3 章中将讨论欺骗技术的更多细节。

1.3　射频干扰是否存在?

Coffed[10]写道:"虽然 GPS 干扰事件是极少发生的,但当干扰事件发生时,干扰事件的影响却是很严重的。"事实上,与安全应用相关的话题是当今社会的关注热点,可以在 GNSS 技术研讨、最新出版物中找到与安全相关的内容,甚至在撰写本书的同时也有人正在探讨这个问题[11]。2014 年 2 月 13 日,英国《金融时报》刊登了对 GPS 创始人之一 Bradford Parkinson[12]教授的专访,谈到了依赖 GPS 的安全性问题。Parkinson 教授清楚地阐述了依赖 GNSS 的系统鲁棒性提升面临的挑战。例如,移动电话塔利用 GPS 获取时间,如果它们失去了时间参考,网络就会失去同步,从而造成无法服务的风险。Parkinson 教授在 2014 年欧洲导航大会 ENC - GNSS 上发表的题为"可靠 PNT——世界经济效益的保障"的主题演讲中也提到了这些概念,并针对 GNSS 的脆弱性提出了自己的建议[13 - 14]。

Parkinson 教授所关注的问题被 GNSS 行业专家广泛传播。事实上,干扰问题明显是 GNSS 应用和服务发展的主要限制之一。当干扰不可预测时,产生的影响可能是很严重的,如果干扰源可预测,那么接收机可以针对特定的干扰源采取一些措施,如某些无线电辅助通信系统与航空带宽共用频带。近年来,新闻报道了几起意外的干扰事件,下面将对其中的部分典型事件进行简要说明。

射频干扰的真实案例

一些文献报道了 GPS 在可控干扰场景下的试验或在试验中发生的故障。还有许多工作报告也给出了实际工作情况下 GPS 故障的案例。试验结果和干扰事件的一些例子如下:

2007 年 1 月,GPS 服务在美国加利福尼亚州圣地亚哥全境出现明显中断[11]。海军医学中心应急寻呼机停止了工作,用于引导船只的港口交通管理系统失效,机场交通管制不得不使用备份系统和流程来维持空中交通流量,手机用户发现没有信号,银行客户试图从自动柜员机(ATM)中提取现金遭到拒绝。这个神秘事件发生的原因花了 3 天才找到:圣地亚哥港的两艘海军船只在训练演习时,技术人员发射了射频干扰信号,在不知情情况下封锁了城市大片地区的 GPS 信号[11]。

在 GNSS 界广为流传的另一起著名的干扰事件是 2010 年发生在美国新泽西州纽瓦克机场的 GNSS 受扰事件。当地部署的区域增强系统(LAAS)中的一台地面设施(LGA)接收机受到了附近高速公路上一辆汽车的干扰,调查结果表明,干扰是由车辆上安装的个人隐私保护装置(PPD)引起的。一些卡车司机非法使用干扰机使 GNSS 接收机无法正常工作,从而对车队经理隐瞒卡车的位置。在道路上使用 GNSS 干扰机的现象越来越普遍,相关部门已经开始着手解决。这也使 2010 年发生的这一事件变得有意义,因为在寻找纽瓦克机场干扰来源[11,15],并最终确定干扰来自移动 PPD 这个过程中,技术人员做了大量工作。

2013 年 8 月,因为对纽瓦克自由国际机场(Newark Liberty International Airport)的 GNSS 使用造成了影响,为了躲避雇主而使用非法 GPS 干扰装置的男子(新泽西州雷丁顿),被美国联邦通信委员会(FCC)处以近 32000 美元的罚款。而正是这位男子从车辆发出的信号阻碍了民航空中交通控制系统所需要使用的 GPS 信号接收。

2011 年 1 月,美国 FCC 取消了一项限制令,即禁止空地卫星通信 1525 ~ 1559MHz 频段地面发射机。该机构发布了一项命令,允许 LightSquared 公司继续其部署基站网络的计划,前提条件是该公司需要成立一个工作组,调研该频段播发信号对 GPS 产生的干扰问题[1,17]。2011 年 6 月 30 日,技术工作组(TWG)将报告提交给 FCC,证实了 LightSquared 公司传输的信号对所有类别接收机产生的不利影响[18]。尤其是宽带接收器,受到 LightSquared 公司发射的相邻频带信号的严重干扰,这一事实引起了军方和民用高精度用户的担忧。

从文献[10]中可以查阅到发生在 2008 年的一个有趣的海上 GPS 干扰试

验。它完美地展示了 GPS 拒止(无法服务)是如何强烈影响其他机上设备的。该实验由英国和爱尔兰的灯塔总局(General Lighthouse Authorities of the United Kingdom and Ireland, GLA)与英国国防科学和技术实验室(Defence Science and Technology Laboratory, DSTL)合作,在英国东海岸的弗兰伯勒角进行。由两台甚高频(VHF)收发机远程控制一台中低功率干扰机,在民用 L1 频段发射已知的伪随机噪声信号,该干扰信号覆盖 GPS L1 频段信号的 2MHz 带宽,试验船在干扰区域外的两路点之间多次航行。

文献[19]概述了干扰信号对船载设备和基准站的所有直接和间接影响。在船载设备中,GPS 和电子罗兰接收器、自动识别系统(AIS)、数字选择性呼叫(DSC)系统和船舶电子海图显示与信息系统(ECDIS)故障。在岸上,差分 GPS(DGPS)参考站和同步灯塔(传统的导航辅助系统)也受到干扰的影响。

2006 年发生了两起因电视发射机杂散发射引起的干扰事件。第一起干扰事件[20-21],是由数字视频广播电视(DVB - T)发射机引起的干扰,DVB - T 使得在该地区作业的 GPS 接收机捕获性能下降,从而导致 GPS 信号跟踪失锁。第二起干扰事件,是发生在澳大利亚的悉尼,在电视天线周围检测到了超高频(UHF)谐波。这个 L1 频段的干扰信号影响了接收机链路的正常性能,导致自动增益控制/模数转换(AGC/ADC)模块异常,使得最终用户定位产生较大偏移[22]。

当然,以上干扰事件只是部分典型事例,我们可以从文献[23]中找到更多真实的干扰事件。

1.4 GNSS 数字接收机回顾

虽然对 GNSS 接收机体系结构的完整描述超出了本书的范围,但是由于在后续章节里会应用 GNSS 接收机和信号模型有关的知识进行证明,这里做简要介绍。

图 1.1 给出了 GNSS 接收机的功能模块框图。接收信号 $y_{RF}(t)$ 是由同时可见的 N_s 颗卫星发射的测距信号、噪声、干扰信号叠加而成的,可表示为

$$y_{RF}(t) = \sum_{l=0}^{N_s-1} s_{RF,l}(t) + i(t) + n(t) \tag{1.1}$$

式中:$s_{RF,l}(t)$ 为接收到的第 l 颗可见卫星发射的 GNSS 信号;$i(t)$ 为在载波频率 f_{int} 上传输的双边带宽为 B_{int} 的加性干扰信号;$n(t)$ 为加性高斯白噪声。

前端模块负责将接收到的复合信号(多颗卫星叠加后的信号)下变频到中频(IF),并通过一个带宽为 B_{IF} 的滤波器滤除镜像频率信号。

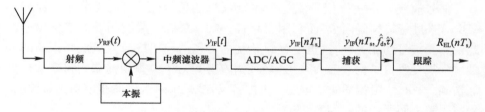

图 1.1 GNSS 接收机的功能模块框图

在图 1.1 中的 ADC/AGC 模块输出端,是由 AGC 模块驱动 ADC,实现了连续信号的数字化,数字化后的信号表示为 $y_{RF}(nT_s)$,式中:$T_s = 1/f_s$ 代表采样时间间隔;n 为离散时间点的索引号。因此,ADC/AGC 模块输出的复合信号可以表示为

$$y_{IF}[n] = y_{IF}(nT_s) = Q_k^u \Big[\sum_{l=0}^{L-1} s_{IF,l}(nT_s) + i_{IF}(nT_s) + \eta(nT_s) \Big] \quad (1.2)$$

式中:$i_{IF}(t)$ 为下变频后的干扰信号(如果 $B_{int} > B_{IF}$,那么是经过滤波后的下变频信号);$\eta(t)$ 为经过滤波后的高斯噪声信号;函数 Q_k^u 为 k 比特量化;T_s 为采样时间间隔。进一步展开 $s_{IF,l}(nT_s)$,受噪声和干扰分量影响的单个通道的数字化 GNSS 信号表达式变为(为了简单起见忽略下标)

$$y_{IF}[n] = Q_k^u \Big[\sqrt{2C} d[n-n_0] c[n-n_0] \cdot \cos(2\pi F_{D,0} n + \varphi_0) + i_{IF}[n] + \eta[n]) \Big]$$

$$(1.3)$$

式中:C 为接收到的单颗卫星 GNSS 信号功率;$d[n]$ 和 $c[n]$ 分别为导航数据信号和伪随机序列;$F_{D,0} = (f_{IF} + f_0) T_s$ 为受多普勒频移影响后的频率;$n_0 = \tau_0/T_s$ 为数字码延迟;φ_0 为瞬时载波相位;$i_{IF}[n]$[①]和 $\eta[n]$ 分别为数字化的干扰和高斯白噪声信号。

给定前端带宽 B_{IF},当以奈奎斯特频率 $f_s = 2B_{IF}$ 进行采样后,噪声方差变为

$$\sigma_{IF}^2 = E\{\eta^2[n]\} = \frac{N_0 f_s}{2} = N_0 B_{IF} \quad (1.4)$$

式中:$N_0/2$ 为噪声功率谱密度(PSD)。

在捕获模块中,多普勒频率估计 $\hat{f}_d$ 和码相位估计 $\hat{\tau}$ 是由接收信号与 GNSS 本地码的相关器同相分量和正交分量计算得到的。更多关于捕获过程的细节在本章中不再详细阐述,可以查阅相关文献,如文献[24 – 25]。关于不同类型干扰对捕获阶段的影响将在第 2 章给出分析结果。

———————————

① 原书错,译者修改。

信号捕获后将进行信号跟踪。在接收机的每个通道上,利用延迟锁相环(DLL)来进行扩频码同步,而利用锁相环(PLL)来进行载波相位同步。信号跟踪依赖于信号的相关性,这也是解调导航电文和估计用户与卫星之间距离的基础。常规接收机结构一般会采用一个频率锁定环(FLL)来使捕获的粗略估计更加精确。FLL使锁相环的锁定变得更加容易,缩短了从信号捕获成功到载波/码稳态跟踪之间所用的时间。

图1.2展示了单通道数字GNSS接收机中常用的跟踪系统框图,而实际上所有通道上都重复相同的架构,来跟踪不同的卫星(或者是同一颗卫星的不同通道信号,如"伽利略"系统未来会发射的复合调制信号)。

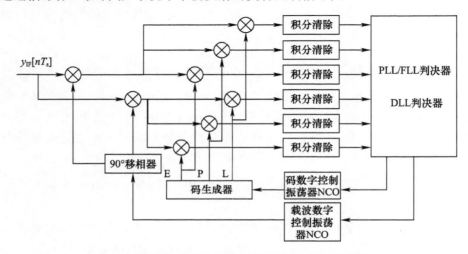

图1.2　GNSS接收机伪码和载波跟踪环路功能框图

跟踪环路依赖于接收信号与本地载波和码之间的相关运算,其初值来自于捕获阶段得到的多普勒频率粗略估计值$\hat{f}_d$和码相位粗略估计值$\hat{\tau}$。

根据相关器的输出值和判别函数产生反馈控制信号,其中:一个用于PLL;一个用于DLL。这些控制信号经过滤波后用来调整伪码和载波生成器,为下一次循环迭代准备本地码和载波。该过程持续进行,系统一直跟随输入信号变化。需要注意的是,所描述的同步过程就是寻找本地载波频率/相位和本地码延迟的最佳估计,使本地码和输入信号相关值为最大值。

如图1.2所示,非相干跟踪系统使用两个分支,一个是同相支路(I),另一个是正交支路(Q)。一般来说,非相干跟踪环路的鲁棒性更强,不需要估计载波相位(也就是说,他们不一定需要PLL;用FLL和DLL就可以设计一个有效的系统)。例如,信号捕获完毕后,当跟踪开始时,系统还没有恢复到接收信号载波

8

的相位,部分功率就在正交支路上。与相干跟踪环路不同(只使用 I 分支),非相干跟踪系统利用两个分支,鉴别器仍然能够产生反馈信号。如果使用 PLL,那么就在初始瞬态时间后,使得载波与本地载波同步,接收信号完全转换到 I 支路上。

当 DLL 和 PLL 都锁定时,传入信号可以解扩并转换为基带。相关器即时支路的输出就可以完成解码得到导航数据位。另外,随着 DLL 的锁定,本地和输入信号的扩频码逐渐对齐。由于有本地伪随机码作为参考,所以接收机能够准确知道伪码周期的初始位置,并且能够识别导航数据位和导航消息的头和尾。接收机保持与跟踪卫星同步,不断统计接收码片数量、完整码周期、导航位和消息帧。这些计数器是测量不同通道偏移量和跟踪不同卫星的基础,利用这些计数器可以计算伪距。一旦获得至少 4 个伪距,就可通过三球交汇定位程序得到估计位置。

第 2 章分析 $i(t)$ 的存在对接收机不同阶段的影响,给出了其对捕获概率和跟踪抖动的影响。

1.5　本书组织结构

全书分为两个部分。第一部分分为 4 章,其中:第 1 章是全书概述;第 2、3章分别对干扰和欺骗根据来源进行分类,并分析不同参数(频率、调制等)信号对 GNSS 信号产生的影响,同时进行了建模;第 4 章介绍干扰影响分析评估的一些常用技术手段,可作为干扰环境下 GNSS 接收机性能预测的参考。

本书第二部分重点描述干扰和欺骗攻击的检测和减少技术。第 5 章概述针对不同类型干扰的通用检测技术。第 6 章和第 7 章讨论干扰的减缓,分别介绍经典的抗干扰技术和先进的信号处理技术。第 8 章探讨 GNSS 民用信号抗欺骗的最佳策略。

1.6　参考文献

[1]　http://www.gps.gov/spectrum/lightsquared/.

[2]　Humphreys T., et al., "Assessing the Spoofing Threat: Development of a Portable GPS Civilian Spoofer," *in Proc. of the 21st International Technical Meeting of the Satellite Division of the Institute of Navigation* (ION GNSS 2008), Savannah, GA, September 2008, pp. 2314–2325.

[3]　Yeh, K. C., and C.-H. Liu, "Radio Wave Scintillations in the Ionosphere," *Proc. IEEE*, Vol. 70, No. 4, 1982, pp. 324–360.

[4]   Doherty, P. H., et al., "Ionospheric Scintillation Effects in the Equatorial and Auroral Regions," *Proc. 13th Int. Technical Meeting of the Satellite Division of the Institute of Navigation (ION GPS 2000)*, Salt Lake City, UT, pp. 662–671.

[5]   Betz, J. W., "Effect of Narrowband Interference on GPS Code Tracking Accuracy," *Proc. 2000 National Technical Meeting of the Institute of Navigation*, Anaheim, CA, January 2000, pp. 16–27.

[6]   Titus, L. B. M., et al., "Intersystem and Intrasystem Interference Analysis Methodology," in *Proc. ION GPS/GNSS 2003*, Portland, OR, September 2003.

[7]   Liu, W., et al., "GNSS RF Compatibility Assessment: Interference Among GPS, Galileo, and Compass," *GPS World*, December 2010.

[8]   Mitch, R. H., et al., "Civilian GPS Jammer Signal Tracking and Geolocation," *Proc 25th Int. Technical Meeting of The Satellite Division of the Institute of Navigation (ION GNSS 2012)*, Nashville, TN, September 2012, pp. 2901–2920.

[9]   Borio, D., C. O'Driscoll, and J. Fortuny, "Jammer Impact on Galileo and GPS Receivers," *Proc. 2013 Int. Conf. on Localization and GNSS (ICL-GNSS)*, June 25–27, 2013, pp. 1, 6. doi:10.1109/ICL-GNSS.2013.6577265

[10]   Grant, A., and P. Williams, "GNSS Solutions: GPS Jamming and Linear Carrier Phase Combination," *Inside GNSS*, Vol. 4, No. 1, January/February 2009.

[11]   Coffed, J., "The Threat of GPS Jamming. The risk to an Information Utility"; available at http://www.exelisinc.com/solutions/signalsentry/Documents/ThreatOfGPSJamming_February2014.pdf.

[12]   Jones S., and Hoyos C.,"GPS Pioneer Warns on Network's Security," *Financial Times*, http:// http://www.ft.com/cms/s/0/fadf1714-940d-11e3-bf0c-00144feab7de.html#axzz3J2VEueWr.

[13]   Gutierrez, P., "At ENC 2014: A GNSS Wake Up Call for Europe," *Inside GNSS News*, April 16, 2014; available at http://www.insidegnss.com/node/3985.

[14]   Jewell, D., "Protect, Toughen, Augment: Words to the Wise from GPS Founder," *GPS World*, April 15, 2014; available at http://gpsworld.com/protect-toughen-augment-words-to-the-wise-from-gps-founder.

[15]   Grabowsky, J. C., "Personal Privacy Jammers. Locating Jersey PPDs Jamming GBAS Safety-of-Life Signals," *GPS World*, Vol. 23, No. 4, April 2012.

[16]   Pullen, S., and G. X. Gao, "GNSS Jamming in the Name of Privacy," *Inside GNSS*, Vol. 7, No. 2, March/April 2012.

[17]   "LightSquared Fails FCC GPS Interference Tests," 360 Degrees Column, *Inside GNSS*, Vol. 6, No. 4, July/August 2011, pp. 12–15.

[18]   Boulton, R., et al., "GPS Interference Testing—Lab, Live, and LightSquared," *Inside GNSS*, Vol. 6, No. 4, July/August 2011, pp. 32–45.

[19]   Grant, A., et al., "GPS Jamming and the Impact on Maritime Navigation," *Journal of Navigation*, Vol. 62, No. 2, April 2009, pp 173–187.

10

[20]   Motella, B., M. Pini, and F. Dovis, "Investigation on the Effect of Strong Out-of-Band Signals on Global Navigation Satellite Systems Receivers," *GPS Solutions*, Vol. 12, No. 2, March 2008, pp. 77–86.

[21]   De Bakker, P., et al., "Effect of Radio Frequency Interference on GNSS Receiver Output," *Proc. 3rd ESA Workshop on Satellite Navigation User Equipment Technologies (NAVITEC 2006)*, ESA/ESTEC, Noordwijk, The Netherlands, December 2006.

[22]   Balaei, A. T., B. Motella, and A. G. Dempster, "GPS Interference Detected in Sydney-Australia," *Proc. 2007 Int. Global Navigation Satellite System (IGNSS 2007) Conf.*, Sydney, Australia, December 2007.

[23]   Motella, B., et al., "Assessing GPS Robustness in Presence of Communication Signals," *Communications Workshops 2009*, June 14–18, 2009, pp. 1, 5. doi:10.1109/ICCW.2009.5207985

[24]   Kaplan, E., and C. Hegarty, *Understanding GPS Principles and Applications*, 2nd ed., Norwood, MA: Artech House, 2005.

[25]   Misra, P., and P. Enge, *Global Positioning System: Signals, Measurements, and Performance*, Lincoln, MA: Ganga-Jamuna Press, 2006.

第 2 章　干扰源分类及对 GNSS 接收机的影响分析

Fabio Dovis，Luciano Musumeci，Beatrice Motella，
and Emanuela Falletti

2.1　引言

GNSS 接收机需要通过对以极低信号功率接收的空间信号（SIS）进行处理来提取伪距信息，因此容易受到多种射频干扰（RFI）的影响。对于所有 GNSS 而言，标称接收功率均在 -160dBW 量级，没有考虑可能由于当地环境造成的额外衰减。尽管信号存在弱点，但 SIS 的扩频特性使得导航接收机能够恢复定时信息，并利用相关块输出的增益估计出计算用户位置所必需的伪距。即使相关过程在理论上能够减轻带宽内的干扰，接收机前端的有限动态范围也进行了实质性的限制。存在的意外射频干扰和其他通道损伤，会导致导航精度下降，严重时会导致完全丧失信号跟踪。本章介绍干扰源的一般分类，概述作为 GNSS 信号 RFI 潜在来源的主要陆地系统，并讨论它们对 GNSS 接收机不同阶段的影响。

2.2　干扰源的分类

GNSS 接收机的主要干扰的分类考虑到了不同方面。如第 1 章所述，发射类型可以定义为有意（干扰）和无意（干扰）。干扰设备的市场化使得民用导航应用干扰变得普遍，但有意干扰更多地存在于军事场景中。此外，日常生活中存在大量通信系统，而这些电子系统的带外发射也可能会干扰 GNSS L 频段。下面根据其频谱特点和时间特征对干扰源进行分类。

2.2.1　干扰频谱特征

对干扰信号的一般分类方法是根据其频谱特征，如载波频率 f_{int} 和带宽 B_{int}，相对于 GNSS 信号载波 f_{GNSS} 和占用带宽 B_{GNSS} 而言，可以分为带外干扰和带内干扰两类。

（1）带外干扰是指载波频率位于 GNSS 频段附近的干扰信号，可表示为

$$f_{int} < f_{GNSS} - B_{GNSS}/2 \text{ 或 } f_{int} > f_{GNSS} + B_{GNSS}/2$$

（2）带内干扰是指载波频率位于 GNSS 频段内的干扰信号，可表示为

$$f_{GNSS} - B_{GNSS}/2 < f_{int} < f_{GNSS} + B_{GNSS}/2$$

此外，根据干扰在频域上的特征，可以将干扰进一步分为窄带干扰、宽带干扰和连续波干扰三类。

（1）窄带干扰（NBI）是指干扰信号频带相对于 GNSS 信号带宽频谱较小，即

$$B_{int} \ll B_{GNSS}$$

（2）宽带干扰（WBI）是指干扰信号频带与 GNSS 信号带宽相当，即

$$B_{int} \approx B_{GNSS}$$

（3）连续波干扰（CWI）是窄带干扰的极限情况，在频域中表现为单音，即

$$B_{int} \rightarrow 0$$

此外，一般情况下，干扰可能具有频率变化的特性。例如线性调频信号，其特征是瞬时频率的时间线性变化，因此表现为 WBI。这种干扰信号通常由干扰机产生。这些器件能够在几微秒内发射扫过几兆赫兹的强功率线性调频信号，从而覆盖并影响各 GNSS 通道的正确信号接收。由于这种设备可以在市场上获得，因此这种故意干扰信号在民用应用中得到越来越多的关注。

CWI 无论是对捕获还是对跟踪过程，都会对 GNSS 接收机产生严重的影响，因为干扰功率通过与本地码的相关性分散在整个搜索空间上，损害捕获精度，影响其他功能模块。CWI 和 NBI 的影响与干扰信号在导航信号带宽内的频点值密切相关，这是由于 GNSS 信号具有周期性。实际上，GNSS 信号的频谱中存在着码周期逆的倍数（如 GPS C/A 码的 1kHz 分量），其功率根据码频谱的形状分配给各个分量。当 CWI 与此类成分相匹配时，CWI 的影响更大[1-3]。

2.2.2　脉冲干扰

脉冲干扰信号的特点是持续时间短（微秒量级）的通断状态，在时域上交替出现。这种干扰典型场景是民航应用场景，几个航空无线电导航服务（ARNS）在卫星导航系统共享带宽内广播强脉冲信号。

用于描述脉冲干扰的参数包括：

（1）脉冲宽度（PulseWidth，PW），是指一个脉冲的持续时间。

（2）脉冲重复频率（Pulse Repetition Frequency，PRF），是指每秒脉冲数。

（3）占空比（Duty Cycle，DC = PRF × PW），是指脉冲所占用的时间的百分比。

与相同功率和中心频率的连续干扰相比，低直流的脉冲干扰对接收机性能

的影响较小。

2.3 潜在干扰源

潜在干扰可以与 GNSS 共享频率(带内干扰)或远离 GNSS 频带(带外干扰)。GNSS 带宽内几乎没有授权的发射源,干扰主要来源于系统的带外杂散发射,其产生的谐波与 GNSS 频带相冲突。

2.3.1 带外信号

在下面几节中,分析一些主要潜在的带外干扰源。

1. 模拟电视频道

电视信号是 GNSS 接收机不可忽视的干扰源。它们可以表现为宽带干扰和窄带干扰:视频载体被认为是中宽带信号,而声音载体被认为是 CWI。在广播电视信号中,采用 VHF 和 UHF 频段。电视地面站发射机产生的这些频段的谐波会对 GNSS 接收机产生潜在的危险干扰,如图 2.1 所示。例如,文献报道了一例来自电视信号的干扰。在这种情况下,干扰信号对有源天线低噪声放大器(LNA)产生影响,导致同一 LNA 的谐波失真,导致 C/N_0 平均 5dB 损耗。在文献[3]中,分析了法国和美国 6 个电视频道信号的谐波频率和功率。

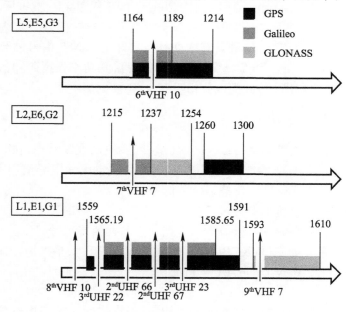

图 2.1　潜在电视频道谐波干扰

2. DVB - T 信号

DVB 标准是在 300 多个欧洲和欧洲外成员国的参与下订立的(1993 年)。DVB 项目协调了在传输网络上引入数字电视和新的多媒体互动服务的策略。它还确定了技术规范。该项目定义了标准数字视频广播 - 卫星(DVB - S)的系统规范播发和标准数字视频广播 - 有线(DVB - C)(服务与电视信号由核心网分发)。DVB 家族也包括数字视频广播地面标准(DVB - T),用于提供地面无线数字视频电视。DVB - T 标准基于音频/视频信源编码的 MPEG - 2(Moving Pictures Experts Group - 2)标准,采用多载波调制(COFDM),将数据流分配到大量均匀间隔的载波频率中,采用 4 相相移键控(QPSK)、16 正交幅相调制(16 - QAM)、64 正交幅相调制(64 - QAM)、非均匀 16 - QAM 或非均匀 64 - QAM等调制方式。

在欧洲广播区,DVB - T 频段为 VHF III(174 ~ 230MHz)、UHF IV(470 ~ 862MHz)和 UHF V(582 ~ 862MHz)。这些频率值并不代表对 GNSS 接收机的直接威胁,但如果考虑功率放大器等电子器件故障引起的潜在畸变而产生的谐波,则会存在一些问题。甚至放大链中的单个放大器损坏也可能引起非线性失真,在射频输出处引入杂散发射,由于信号发射功率高,对附近的 GNSS 接收机可能构成真正的威胁。进一步说,考虑到 DVB - T 信号所涉及的频率与模拟电视相同,可以认为 DVB - T 信号产生某些干扰的概率与模拟电视系统产生杂散发射的概率类似。在文献[6 - 8]中,有一些 GPS 信号质量发生重大变化的例子。

考虑到 UHF V 载波等三次谐波[1],会落入 L1 GPS 频段内,对接收机造成不可忽略威胁。因此,评估非线性放大器或线性放大器在饱和时产生畸变的可能性非常重要。

文献[7]详细分析了欧洲的基于正交频分复用(OFDM)技术的 DVB - T 潜在干扰,其中 RFI 对 GNSS 有用信号的影响通过频谱分离系数来评估。

3. 甚高频通信(VHFCOM)

其他甚高频通信系统可视为对 GNSS 接收机的危险[3,9]。甚高频频段(118 ~ 137MHz)包含 760 个频道,间隔 25kHz,通常用于空中交通管制(ATC)通信。谐波认为是带宽约为 25kHz 的窄带干扰。以 121.150MHz、121.175MHz 和 121.200MHz 为中心的 VHF 信道在 GPS 带宽内具有 13 次谐波,而以 131.200MHz、131.250MHz 和 131.300MHz 为中心的信道对其 12 次谐波是危险的。在图 2.2 所示的 VHFCOM 中描绘了潜在的谐波。

4. FM 谐波

在调频(FM)频段(87.5 ~ 108MHz)内部的小频段,也有落在 GNSS 频段的谐波。104.9MHz 和 105.1MHz 的信道在 GPS 和"伽利略"带宽附近有 15 次谐

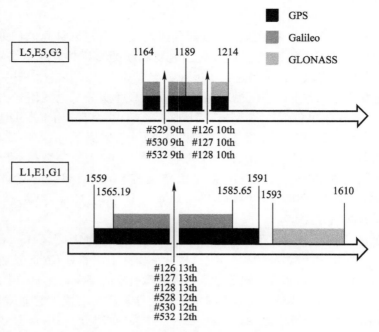

图 2.2　潜在甚高频通信频道谐波干扰

波,如图 2.3 所示。信道间隔为 150kHz,最大发射功率为 50dBW。对于分配在 L1/E1 频段的 GNSS 信号,FM 源产生的谐波被认为是宽带干扰。

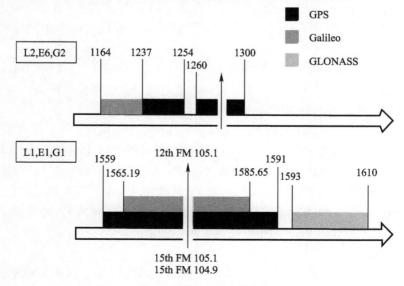

图 2.3　潜在 FM 谐波干扰

16

5. 个人电子设备

靠近 GNSS 接收机的个人电子设备(Personal Electronic Devices,PED)会造成 GNSS 信号接收的中断。PED 包括手机、寻呼机、双向收音机、遥控玩具、便携式计算机等。预计未来更多的个人电子设备将实现超宽带(UWB)传输,用于高数据量通信。

6. 卫星通信(SATCOM)

卫星通信工作在 1626~1660.5MHz 频段,信道间隔 0.75MHz,带宽 20kHz。SATCOM 服务中的多载波传输产生的互调干扰可能落在 GNSS 频段中。文献[3]中给出了一个可能的例子。

7. 甚高频全向距离(VOR)和仪器着陆系统(ILS)谐波

VOR 是一种为飞机提供与地面站径向位置信息的无线电导航系统。ILS 由两个无线电发射机组成,分别向飞机提供侧向和垂直的进近着陆引导。VOR/ILS 辐射源通常定位在机场跑道的首、尾及两侧。这些进近着陆系统工作在108~117.95MHz 频段,包括 200 个通道,频率间隔为 50kHz。具体而言,VOR 在 112.24~112.816MHz 频段使用 12 个通道,而 ILS 定位转发器仅使用108.10~111.95MHz 频段中 40 个通道上的一个频率。VOR 系统的 14 次谐波和 ILS111.9MHz 和 111.95MHz 的 2 次谐波落入了 L1/E1 带内。它们被认为是CWI 信号。

8. 移动通信卫星业务(Mobile Satellite Service,MSS)

移动通信卫星服务(MSS)系统可以对一个 GNSS 接收机产生两种截然不同的干扰威胁。MSS 移动系统地球站使用 1610~1660.5MHz 频段,将在 GNSS 频段引入潜在的宽带功率。

9. 移动电话干扰

前期尚未有文献报道手机对 GNSS 接收机的直接影响。一些信息可以从飞机上的 GPS 接收机获得。在文献[10]中,描述了对 6 种无线电话技术虚假信号泄漏的调查,分析了对飞机系统的影响,其中包括 GPS。试验采用不同发射频率、不同接收天线的无线电话技术,在暗室进行。研究中对比评估了两个系统中设计频点的总辐射功率。在分析中,GPS 接收机的接收机灵敏度为-120dBm,但更实际的水平被认为是-82dBm。该值是考虑最小路径损耗38dB 得到的。这个差值在文献[11]中通过计算在飞机内产生信号后路径损耗进行了评估。结果表明,所有考虑的值都超过了接收机系统灵敏度水平,但同时都低于由路径损耗得到的实际阈值。因此,文献[10]的结论是,测试的手机的射频发射不会干扰所检查的航空电子系统(包括GPS)。

2.3.2 带内信号

有些干扰源载波频率在 GNSS 频段内,从而产生带内干扰。第 1 章讨论了将系统间干扰和系统内干扰作为带内干扰的主要来源。虽然可接受干扰阈值是在系统设计阶段确定的,但迄今为止,可接受阈值是国际谈判、讨论和协商的结果(例如 GPS/Galileo 互操作性协定)。本节重点研究陆地非 GNSS。后续章节将对发射功率落入 GNSS 频段中最常见系统进行简要介绍。

1. 军用/民用航空通信系统

军事通信系统使用的信号频段可以考虑为带内干扰。Galileo E5a 和 E5b 频段位于 1164 ~ 1214MHz,占据了已经用于航空无线电导航服务(ARNS)的频率,如战术空中导航(TACAN)、测距设备(DME)、二次监视雷达(SSR),以及国防部联合战术信息分发系统(DoD JTIDS)和多功能信息分发系统(MIDS)等。还有其他航空系统在此频率运行,如交通碰撞和避免系统(TCAS)、敌友飞机识别(IFF)和自动相关监视广播(ADS – B)。

DME/TACAN 系统由机载询问器和地基转发器组成,其发射的高功率脉冲信号会对 GNSS 接收机构成威胁。DME 和 TACAN 提供飞机相对于地面参考站的距离测量。TACAN 是一个提供距离和方位测量的军事导航系统。DME/TACAN 系统有 X、Y、W 和 Z 四种不同模式,工作频段在 960 ~ 1215MHz[12],即使只在 DME/TACAN 导航设备地面转发器 X 模式下,占用 1151 ~ 1215MHz 频段,仍会对 GNSS 信号的 E5a/L5 和 E5b 信号造成干扰(见图 2.4 和表 2.1)。

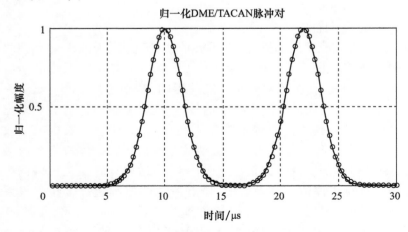

图 2.4　典型 DME/TACAN 基带脉冲对

表 2.1　DME 操作模式分类

频道模式	操作模式	脉冲对间距/μs		时间延迟/μs	
		询问	回复	第一脉冲时间	第二脉冲时间
X	DME/N	12	12	50	50
	DME/P IA M	12	12	50	—
	DME/P FA M	18	12	56	—
Y	DME/N	36	30	56	50
	DME/P IA M	36	30	56	—
	DME/P FA M	42	30	62	—
W	DME/N	—	—	—	—
	DME/P IA M	24	24	50	—
	DME/P FA M	30	24	56	—
Z	DME/N	—	—	—	—
	DME/P IA M	21	15	56	—
	DME/P FA M	27	15	62	—

典型的 DME/TACAN 地面信标设备发射的脉冲对的信号表达式为

$$y_{pulse}(t) = e^{-(\frac{\alpha}{2})t^2} + e^{-(\frac{\alpha}{2})(t - \Delta t)^2} \tag{2.1}$$

例如,在 X 模式下 $\alpha = 4.5 \times 10^{11} s^{-2}$,脉冲间隔 $\Delta t = 12 \mu s$。

DME 和 TACAN 系统的最大脉冲重复频率(Pulse Repetition Frequency, PRF)分别为 2700pps 和 3600pps[①]。

JTIDS/MIDS 是用于军用平台间数据交换的扩频数字通信系统。它们工作在 969 ~ 1206MHz 之间,干扰 E5a/E5b 频段,如图 2.5 所示。

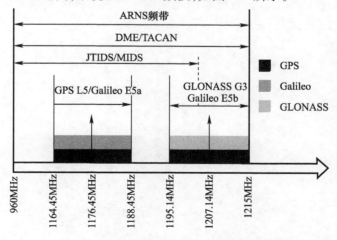

图 2.5　DME/TACAN 和 JTIDS/MIDS 频谱规划

---

① 原书错,单位为 pps(pulse per second),每秒触发的脉冲数目。

2. 超宽带(UWB)信号

UWB 信号定义为在 3.1 ~ 10.6GHz 之间占用 500MHz 以上且满足定义 UWB 通信系统室内频谱掩码限制的任何信号。UWB 信号已成为低复杂度、低成本、低功耗和高数据速率无线互联的潜在解决方案。基于 UWB 的技术提供了同步高数据速率通信,在距离 2 ~ 10m 的范围内,平均辐射功率为百微瓦量级,数据传输速率为 100 ~ 500Mb/s。UWB 系统也因其在多径环境下的性能而被研究用于室内定位和导航。UWB 的主要优点是最小化杂波反射和穿透具有高数据速率、高分辨率结构能力,非预期接收概率低,有可能用于高精度测距。

UWB 系统中常用的数据调制方式有脉冲位置调制(PPM)和脉冲幅度调制(PAM)。UWB 信号是利用将信号能量分布在宽频带上的亚纳秒脉冲生成的。因此,这些系统在低功耗的情况下具有极宽的带宽。这对于信号功率远低于本底噪声的 GNSS 至关重要。对文献[13 - 15]的研究中得出结论,UWB 信号会使 GPS 接收机性能下降。另一些研究[16 - 17]通过仿真和无线个人局域网络(WPAN)的案例研究,可以得到选择合适的调制参数以减小 UWB 干扰效应。

2.3.3　干扰器的分类

如第 1 章所述,术语干扰(Jamming)是指有意施加的射频干扰,其目的是用噪声掩蔽频带的某些部分。在 GNSS 情况下,一个干扰机(又称个人隐私设备,PPD)能够干扰(或阻塞)GNSS 信号,很可能使接收机在干扰机区域内不能正确工作。例如,图 2.6 显示了两种不同型号的干扰机。两者均能在 GNSS E1/L1 等不同频段上进行信号发送。

图 2.6　多频 GNSS 干扰机示例:可调桌面干扰机(左)与四天线便携设备(右)

蓄意干涉是军事应用中众所周知的威胁,但也被认为是民事环境中日益令人关切的问题,因为PPD引起的实际事件已是事实(可参考第1章中的新泽西纽瓦克机场的事件)。值得一提的是,在许多国家(如美国或几个欧洲国家),干扰机出售或使用是非法的。尽管如此,并不能完全禁止获得或购买干扰机,仍可以通过几个网站甚至花几十美元轻松实现[18]。

下面总结一下文献中提出的干扰机的主要分类和它们的主要特点。

文献[19]提出了专门针对车载干扰机的调查。车载干扰机是小型装置,由车载电源供电。这类干扰机非常重要,因为它们的使用者(如车辆)很难被跟踪。

文献[19]将干扰机根据其信号特性分为4类,其中少数干扰机发射连续波(CW)信号,而大多数干扰机使用线性调频信号。信号带宽范围为小于1kHz(CW)~44.9MHz,扫频时间间隔为$[8.62 \div 18.97]\mu s$。

对干扰机的进一步分类可参见文献[20],其中类别主要以电源为依据。文献[20]中分析的所有干扰机都是便携式设备,分为3组:第1组设备使用汽车打火机12V电源;第2组设备使用内部充电电池供电;第3组不带外部天线。通过对18种不同器件的分析,文献[20]得出结论,它们都是采用扫频调方法在L1或L2频段产生宽带干扰(平均扫频间隔9μs,带宽20MHz)。他们还提供了干扰机的有效范围的分析估计,对跟踪的作用范围为300m~6km,对捕获的作用范围为600m~8.5km。

对干扰机的进一步调查可以在文献[21]中找到,这里描述了能够同时干扰多个GNSS频段(L1、L2和L5)的多频干扰机。分析证实,点烟器电源干扰机只在L1频段工作,扫频周期有所不同(9μs为常用值)。研究还表明,发射功率可以从-10~30dBm不等,总体上,点烟器干扰机的功率水平低于多频电池干扰机。

一个由便携式干扰器装置产生的连续调频信号的例子如图2.7所示。图中给出了干扰机发射信号的时频表达。可以看出,连续调频信号在10μs间隔内扫频约9MHz。

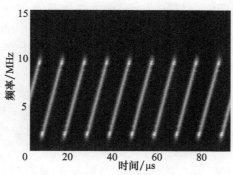

图2.7　由便携式干扰器装置产生的连续调频信号(时频表示)

2.4　射频干扰对 GNSS 接收机的影响

当受到非常强的干扰时,GNSS 接收机可能完全被屏蔽并停止工作。这往往是蓄意干扰机的范畴,他们试图在一定地区或区域内屏蔽 GNSS 的定位能力。然而,在许多情况下,虽然干扰的存在可以显著降低接收机性能,但不足以影响接收机对已跟踪信号的锁定和新信号的盲捕获。

这样的中间功率值是最危险,因为有时它们无法被检测到,但会导致定位性能的恶化。对于 GNSS 接收机的用户来说,强射频干扰效应的相关性是显而易见的。如果接收器无法跟踪卫星,它就无法计算其位置。当接收机能够跟踪卫星,但信号受到射频干扰影响时,伪距测量值的误差就会增加。除其他外部因素外,位置解算的精度取决于伪距测量和/或载波相位测量的质量。因此,当 RFI 降低伪距和相位测量值或在相位测量值上造成周跳时,位置解算精度会下降。

下面将讨论射频干扰对接收机不同阶段的影响。

2.4.1　对射频前端的影响

射频前端是接收机受干扰源影响的第一部件。射频前端在信号相关带宽中先过滤输入的信号,解调到选定的中频,再进行模数转换(ADC)。

必须考虑在前端的模拟部分和 ADC 之间存在的可调增益控制(AGC)。可变增益放大器调节输入信号的功率,为 ADC 优化信号动态,以最小化量化损耗。实际上,由于所有的现代接收机都设计成多比特设备,因而要求在设计中设置 AGC 环节。

当 GNSS 频段无干扰时,由于该频段内及附近的播发限制,接收到的 GNSS 信号功率水平低于热噪声底,因此 AGC 增益几乎完全取决于热噪声。AGC 的首要作用是根据卫星的仰角和不同的有源天线增益值,调节接收信号功率变化的动态。

图 2.8(a)给出了无干扰 GNSS 波段情况下 ADC 输出样本统计量,其基本呈正态分布,如图 2.8(b)所示。

当存在带内干扰时,AGC 将压缩入射信号以匹配 ADC 的最大动态,从而导致有用信号由于幅度降低造成丢失。在比射频前端滤波器的通带更大的带宽上进行传播的噪声可以看作是对有效带宽的额外噪声,这是宽带干扰存在的一种典型情况。

此外,在 NBI 或 CWI 存在的情况下,ADC 输出端的数字信号统计也会受到影响。这可以在图 2.8(d)中看到,其中边缘频带的量化水平变得比其他更加可

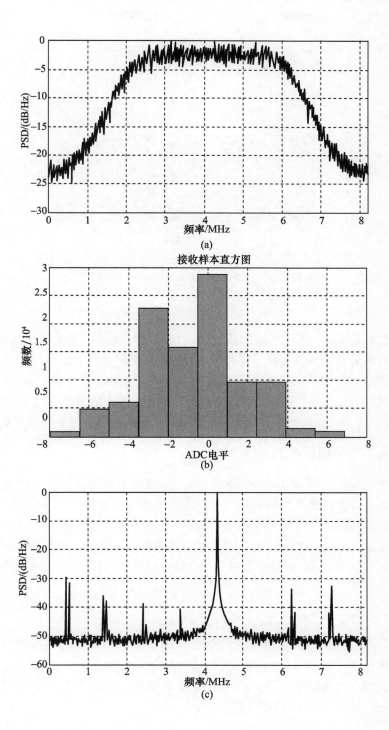

(a)

接收样本直方图

(b)

(c)

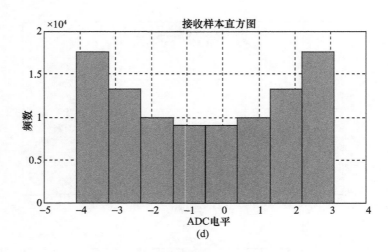

图 2.8　无干扰与连续波干扰的输出比较

(a)无干扰下的 GPS L1 C/A 码 PSD；(b)无干扰下的样本 ADC 输出直方图；(c)连续波
干扰下的 GPS L1 C/A 码 PSD；(d)连续波干扰下的样本 ADC 输出直方图。

能。在这种情况下,AGC 仍然能够对输入信号进行压缩以避免更强的饱和,但是接收机的后续处理将不得不在较低 GNSS 量化贡献情况下进行。

在更强的干扰存在的情况下,前端的其他组件(滤波器和放大器)也可能工作在标称区域之外,产生非线性效应或削波现象(其中信号幅度超过硬件处理它们的能力)。在这两种情况下,伪谐波产生并与前端本身的有用信号混合。

2.4.2　对捕获阶段的影响

如果干扰没有将 AGC/ADC 驱动到完全饱和,采集模块仍然能够对干扰信号进行处理并估计出码相位和相对于本地码的多普勒频移。

与本地代码的相关性可以看作是后跟一个过滤器的扩展操作。

在文献[22]中提供了 CWI 对 GNSS 接收机捕获阶段的影响的详细推导。在 CWI 存在的情况下,GNSS 接收机基带处理模块输入端的数字化信号 i 的表达式为

$$
\begin{aligned}
y_{IF}[n] = {} & \sqrt{2C}\, c[n - \tau_0] \cos(2\pi(f_{IF} + f_{D,0}) T_s n + \varphi_0) + \\
& A_{int} \cos(2\pi F_{int} T_s n + \theta_{int}) + \eta[n]
\end{aligned} \tag{2.2}
$$

式中:第一项为有用接收的 GNSS 信号的和;A_{int} 为振幅,F_{int} 和 θ_{int} 分别为载波频率和随机相位,假设 CWI 为纯正弦波,其均匀分布在 $[-\pi, \pi]$。$W_{IF}[n]$ 是范围内的随机相位的高斯噪声分量,在奈奎斯特采样定理的假设下,可以假设是一个经典的独立同分布(IID)离散随机过程。

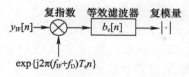

图 2.9 GNSS 捕获模块的等效方案

根据图 2.9 所示的 GNSS 捕获模块的等效方案,式(2.2)中的信号首先乘以复指数,然后再乘以根据多普勒频率 f_D 和码延迟 τ 的假设所选择的本地码并进行积分,从而提供交叉模糊函数复分量,即

$$S_I(\tau, f_D) = \frac{1}{N}\sum_{n=0}^{N-1} r_I[n] c[n-\tau] = r_I[\tau] * h_c[\tau]$$

$$S_Q(\tau, f_D) = \frac{1}{N}\sum_{n=0}^{N-1} r_Q[n] c[n-\tau] = r_Q[\tau] * h_c[\tau]$$

(2.3)

式中: h_c 为等效滤波器,表示与本地码有关的乘法和积分运算; N 为相干积分样本的个数。最后得到一个复数量 CAF,即

$$S(\tau, f_D) = \sqrt{S_I(\tau, f_D)^2 + S_Q(\tau, f_D)^2}$$

(2.4)

当码延迟和多普勒频移正确恢复时,有用信号贡献可表示为

$$S_y \approx \sqrt{C/2} \cdot \exp\{j\varphi_0\}$$

(2.5)

正如文献[22]中推导的,CWI 对 CAF 的贡献是由 CWI 与复指数相乘产生的两个不同频率的复指数数组成,即

$$I_D[n] = \frac{A_{int}}{2}\exp\{j2\pi(F_{int} + (f_{IF} + f_{D,0}))T_s n + j\theta_{int}\} +$$

$$\frac{A_{int}}{2}\exp\{-j2\pi(F_{int} - (f_{IF} + f_{D,0}))T_s n - j\theta_{int}\}$$

(2.6)

因此,这两个组件被馈送到等效滤波器 $h_c[n]$,其输出为

$$S_{int} = k_1 \frac{A_{int}}{2}\exp\{j2\pi(F_{int} + (f_{IF} + f_{D,0}))T_s \tau_0 + j\theta_{int} + j\theta_1\} +$$

$$k_2 \frac{A_{int}}{2}\exp\{-j2\pi(F_{int} - (f_{IF} + f_{D,0}))T_s \tau_0 - j\theta_{int} + j\theta_2\}$$

(2.7)

其中

$$k_i^2 = |H_c(\pm F_{int} + f_{IF} + f_{D,0})|^2 = \int_{-\infty}^{\infty} |H_c(f)|^2 \delta(f - (\pm F_{int} + f_{IF} + f_{D,0}))\,\mathrm{d}f$$

$$= \int_{-\infty}^{\infty} G_s(f) G_i(f)\,\mathrm{d}f$$

(2.8)

$$G_s(f) = |H_c(f + f_{IF} + f_{D,0})|^2, G_i = \delta(f \pm F_{int})$$

式中:$\delta(\cdot)$为 Dirac 型数据。因此,根据式(2.8),k_1^2 和 k_2^2 只是光谱分离系数。

在噪声贡献方面,复指数乘法将噪声功率分解在两个支路上(同相和正交)。如文献[22]所述,输出过程的总方差为

$$\sigma_{out}^2 = \frac{1}{N}\sigma_{IF}^2 = \frac{1}{N}N_0\beta_r \qquad (2.9)$$

式中:$N_0/2$ 为中频噪声的功率谱密度(PSD);β_r 为中频滤波器的带宽。因此,对 CAF 的噪声贡献可以假设为具有零均值和方差的高斯分布,同相和正交分量等于 $\sigma_{out}^2/2$($S_W \sim N_c(0, \frac{\sigma_{out}^2}{2}I_2)$,$I_2$ 为 2×2 单位矩阵。

最后,在存在 CWI 的情况下,假设接收到的 GNSS 信号的多普勒频率和码延迟完全恢复,CAF 呈 Rice 分布,可表示为

$$S(\tau, f_D)\Big|_{\varphi_0, \theta_{int}} = \frac{x}{\sigma^2}\exp\left\{-\frac{x^2 + \alpha^2}{2\sigma^2}\right\}I_0\left(\frac{x\alpha}{\sigma^2}\right), x > 0 \qquad (2.10)$$

$$\alpha^2 = |S_y + S_{int}|^2, \sigma^2 = \sigma_{out}^2/2$$

式中:I_0 为第一类零阶修正贝赛尔(Bessel)函数。因此,可以推导出以 φ_0 和 θ_{int} 为起始值的检测概率,即

$$p_d(\beta | \varphi_0, \theta_{int}) = \int_\beta^\infty \frac{x}{\sigma^2}\exp\left\{-\frac{x^2 + \alpha^2}{2\sigma^2}\right\}I_0\left(\frac{x\alpha}{\sigma^2}\right)dx = Q\left(\frac{\alpha}{\sigma}; \frac{\beta}{\sigma}\right) \qquad (2.11)$$

式(2.11)假设对 GNSS 信号的初始相位和干扰有精确的了解,而这些初始相位一般是未知的。事实上,CWI 对搜索空间的影响会随着这些参数的变化而变化;因此,正如文献[22]所述,总的检测概率必须通过去除 φ_0 和 θ_{int} 的初始知识假设,并对这两个随机变量的概率密度函数(PDF)进行平均来计算。有关 CWI 存在下的捕获性能的更多详细信息可参见文献[22]。

图 2.10 显示了无干扰和不同级别干扰(CWI 干扰功率为 $-140 \sim -130$dBW)的捕获搜索空间对比。图 2.10 所示的 4 种场景使用了 1ms 的相干积分时间和 3 次非相干积分,其中峰噪分离的实现定义为

$$\alpha_{mean} = \frac{R_p}{M_c} \qquad (2.12)$$

式(2.12)中的 α_{mean} 被认为是一个有价值的数字。α_{mean} 的值随着干扰功率的增大而减小,从而增加了虚警的概率。此外,随着 CWI 功率的增加,在多普勒域的搜索空间层可以观察到调制效应。这种影响主要由本地产生的载波与接收到的 CWI 相乘产生的新谐波分量决定。这样的效果还取决于干扰信号和有用

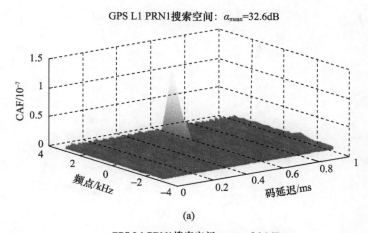

(a)

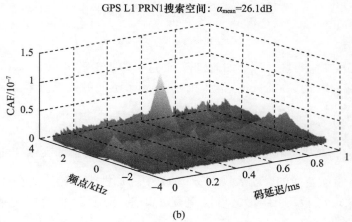

(b)

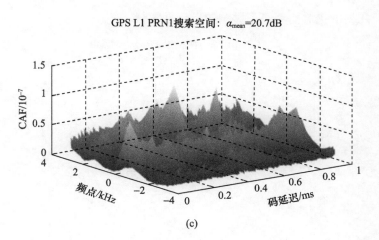

(c)

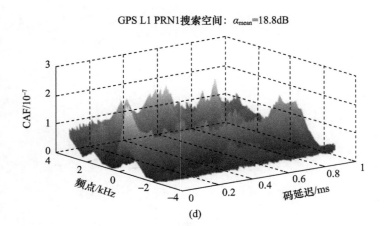

GPS L1 PRN1搜索空间：$\alpha_{mean}=18.8\mathrm{dB}$

(d)

图 2.10　GPS L1 C/A 码捕获搜索空间

(a)无干扰环境下；(b)存在带内 –140dBW CWI 的情况下；(c)存在带内 –135dBW CWI
情况下；(d)存在带内 –130dBW CWI 情况下。

的 GNSS 信号在采集块入口处如何组合，而这又取决于随机变量 φ_0 和 θ_{int}。

当存在 WBI 时，在捕获搜索空间中观察到了不同的效果。考虑到 GNSS 滤波后的有用信号中遍布一个带限高斯白噪声，对 CAF 的影响是噪底从 $\dfrac{1}{N}N_0\beta_r$ 到 $\dfrac{1}{N}(N_0+I_0)\beta_r$，其中 $I_0/2$ 为中频附加带限噪声的 PSD。因此，搜索空间噪声层的增加对捕获搜索空间的影响表现在图 2.11 中。加性带限噪声的存在使得搜索空间中的噪声底板均匀增大，可能掩盖正确的相关峰，从而欺骗捕获过程，见图 2.11(d)。

关于几类干扰对捕获概率影响的研究见文献[23]。

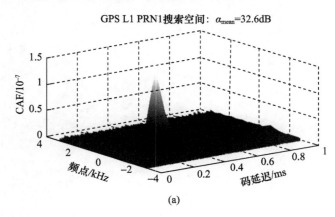

GPS L1 PRN1搜索空间：$\alpha_{mean}=32.6\mathrm{dB}$

(a)

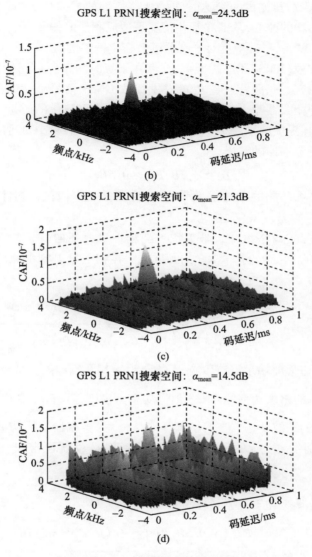

图 2.11　GPS L1 C/A 码捕获搜索空间

（a）在无干扰环境下；（b）存在 −140dBW NBI 情况下；（c）存在 −135dBW NBI 情况下；
（d）存在 −130dBW NBI 情况下。

2.4.3　对跟踪阶段的影响

干扰在跟踪阶段会对被测伪距的质量有直接的影响。有害干扰信号的存在,不仅会使鉴别器提供的到达时间(TOA)估计的方差增大,而且会引起码鉴别器 S 曲线形状的改变,从而在某些情况下造成测量的偏差[23]。文献[24]提供了一种评估 CWI 和窄带干扰对鉴别器函数产生偏差的方法。

针对均方根(RMS)码跟踪误差,在存在干扰时的跟踪环路性能在文献中进行了广泛的研究。码跟踪环路负责提供接收 GNSS 信号到达时间 τ 的精细估计;因此,码环相关器输出信号的方差直接影响伪距测量的质量。在文献[25]中,由码跟踪环提供的平滑 TOA 估计 σ_s^2 的方差为非平滑 TOA 估计 σ_u^2 的函数,其通常来自于鉴别器的输出,即

$$\sigma_s^2 \cong \sigma_u^2 2 B_L T (1 - 0.5 B_L T) \tag{2.13}$$

式中:B_L 为跟踪环路的单边等效带宽;T 为所需积分时间。对于小的 $B_L T$ 值,式(2.13)可近似为 $\sigma_s^2 \cong \sigma_u^2 2 B_L T$。

文献[25,26]对窄带和宽带干扰下的相干早迟处理(CELP)和非相干早迟处理(NELP)的 σ_u^2 给出了非常详细的推导。在相干早迟鉴别器情况下,码跟踪误差的方差为

$$\sigma_{s,\text{CELP}}^2 = \frac{B_L(1 - 0.5 B_L T) \int_{-\beta_r/2}^{\beta_r/2} G_w(f) G_s(f) \sin^2(\pi f \Delta) \, df}{(2\pi)^2 C \left(\int_{-\beta_r/2}^{\beta_r/2} f G_s(f) \sin(\pi f \Delta) \, df \right)^2} \tag{2.14}$$

式中:β_r 为双边带前端录波器带宽;Δ 为早迟鉴相间隔(单位为 s);$G_s(f)$ 为归一化为无限带宽的单位功率的 GNSS 信号功率谱密度,且有 $\int_{-\infty}^{\infty} G_I(f) \, df = 1$;$C$ 为 GNSS 接收到的载波功率;$G_w(f) = N_0 + C_I G_I(f)$ 为噪声加干扰功率谱密度,其中 N_0 为接收机前端带宽上的平坦噪声功率谱密度,C_I 为无限带宽上的干扰载波功率,$G_I(f)$ 为归一化的干扰功率谱密度,且有 $\int_{-\infty}^{\infty} G_I(f) \, df = 1$。

通过拆分噪声和干扰分量,式(2.14)可以重写为

$$\sigma_{s,\text{CELP}}^2 = \frac{B_L(1 - 0.5 B_L T) \int_{-\beta_r/2}^{\beta_r/2} G_s(f) \sin^2(\pi f \Delta) \, df}{(2\pi)^2 \frac{C}{N_0} \left(\int_{-\beta_r/2}^{\beta_r/2} f G_s(f) \sin(\pi f \Delta) \, df \right)^2} +$$

$$\frac{B_L(1 - 0.5 B_L T) \int_{-\beta_r/2}^{\beta_r/2} G_I(f) G_s(f) \sin^2(\pi f \Delta) \, df}{(2\pi)^2 \frac{C}{C_I} \left(\int_{-\beta_r/2}^{\beta_r/2} f G_s(f) \sin(\pi f \Delta) \, df \right)^2} \tag{2.15}$$

根据文献[26]中提出的理论推导,对于非相干早晚处理,码跟踪误差的方

差变为

$$\sigma^2_{s,\mathrm{NELP}} =$$

$$\sigma^2_{s,\mathrm{CELP}}\left[1 + \frac{\int_{-\beta_r/2}^{\beta_r/2} G_s(f)\cos^2(\pi f\Delta)\,\mathrm{d}f}{T\frac{C}{N_0}\left(\int_{-\beta_r/2}^{\beta_r/2} f G_s(f)\cos(\pi f\Delta)\,\mathrm{d}f\right)^2} + \frac{\int_{-\beta_r/2}^{\beta_r/2} G_s(f)\cos^2(\pi f\Delta)\,\mathrm{d}f}{T\frac{C}{C_I}\left(\int_{-\beta_r/2}^{\beta_r/2} G_s(f)\cos(\pi f\Delta)\,\mathrm{d}f\right)^2}\right]$$

$$(2.16)$$

图 2.12 给出了在中频信号附近 200kHz 带宽的加性滤波高斯噪声存在下，GPS L1/CA 的 CELP 和 NELP 均方根码跟踪误差的比较，使用公式干扰功率比 C_I/C。

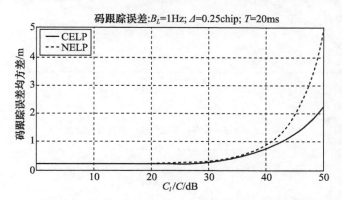

图 2.12　GPS L1 C/A 码跟踪误差对比：CELP 与 NELP 算法

正如预期的那样，干扰功率的增加会导致代码误差的增长。此外，值得注意的是，对于低 C_I/C 值，CELP 和 NELP 表现出相似的性能；而对于高 C_I/C 值，NELP 码跟踪性能比 CELP 码跟踪性能差。这主要是因为高干扰功率值造成的低信噪比加干扰比（SNIR），这时所谓的"平方损失"的影响占主导地位。

根据式（2.16）中的模型，图 2.13 分析过滤的高斯白噪声特性对 BPSK(1) 和 BOC(1,1) 调制的码跟踪精度的影响。对于两种码跟踪误差分析，考虑前端带宽 β_r 等于 4.092MHz 和采样频率 f_s 等于 16.36MHz。此外，假定标称载噪比 C/N_0 等于 47dB/Hz，干扰为信号功率比 $C_I/C = 40$dB 的固定干扰。

图 2.13（a）和（b）分别给出了在以中频为中心的带宽从 50kHz 扫至 4.092MHz 的滤波高斯白干扰下，BPSK(1) 和 BOC(1,1) 信号根据式(2.16)的码跟踪精度。在这两个图中，注意对于更宽的早迟间隔，码跟踪误差是退化的。较低的间距值对干扰带宽的增加不太敏感。在 BPSK(1) 码跟踪精度情况下，对于接近码速率的干扰带宽，误差较大；而对于 BOC(1,1) 调制，干扰带宽约为码速率的 2 倍时，码跟踪误差最大。文献[26]对带限白噪声干扰做了更详细的分析。

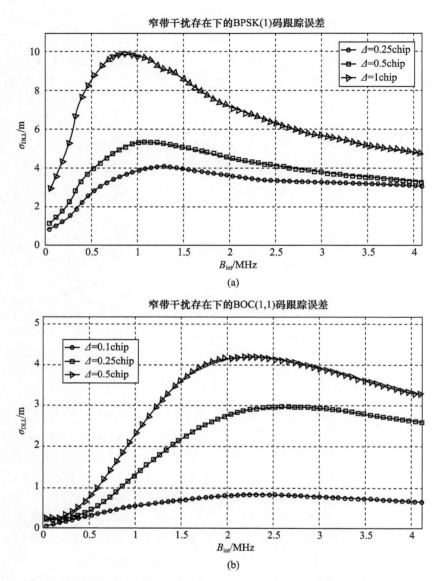

图 2.13　窄带干扰存在下的(a)BPSK(1)和(b)BOC(1,1)码跟踪精度

作为干扰对跟踪阶段的影响的示例,图 2.14 描述了早 – 即时 – 晚相关器的输出。在带内 CWI 和 NBI 存在的情况下,在跟踪阶段开始 9.3s 后注入干扰,接收机被正确锁定在接收的 GNSS 信号上。表 2.2 提供了该例子中 GNSS 接收机所采用的跟踪参数配置。

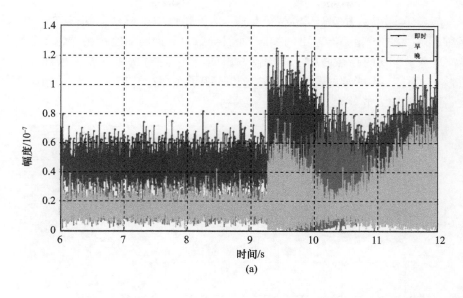

(a)

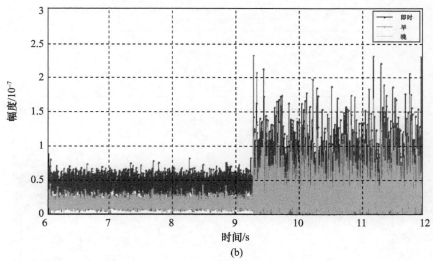

(b)

图 2.14　GPS L1 C/A 码跟踪性能

（a）存在带内 −130dBW CWI；（b）存在 −130dBW NBI。

表 2.2　GNSS 接收机跟踪参数配置

检波前积分时间	PLL B_n	DLL B_n	间隔 Δ
1ms	10Hz	2Hz	0.9chip

与 C/A 码谱线相对应,相对于 GNSS 信号频点中心偏移 200kHz 的 CWI 的存在,不仅增加了相关器输出的噪声,而且导致早 – 即时 – 晚相关器输出部分的谐波现象。NBI 的存在增加了相关器输出的方差,这对伪距误差的增加有直接的影响。图 2.15 所示的鉴别器输出趋势证明了在存在 CWI 和 NBI 的情况下伪距测量误差增大的效果。

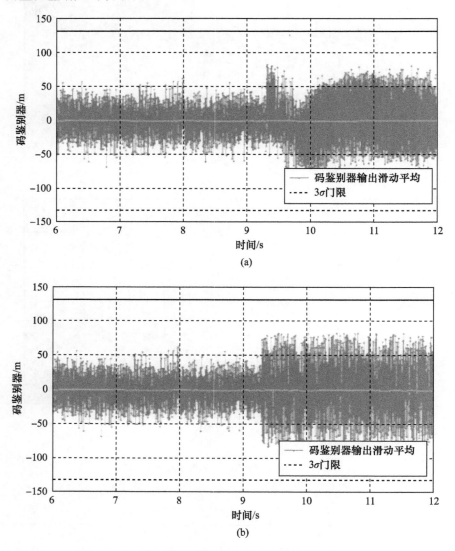

图 2.15　GPS L1 C/A 码跟踪性能
(a)存在带内 –130dBW CWI 下的码鉴别器输出;(b)存在 –130dBW NBI 下的码鉴别器输出。

GNSS 接收机相位测量的噪声会相应增加。图 2.16(a)和(b)分别显示了带内 CWI 和带限 NBI 的存在对载波鉴相器输出的不同影响。附加带限噪声的存在使得载波鉴相器的输出方差在 3σ 阈值范围内整体增大,对于 PLL 双象限反正切鉴相器,其输出方差为 45°,如图 2.16(b)所示。当存在强 CWI 时,一旦将 CWI 注入接收信号上,就会检测到鉴相器输出的突然跳变,如图 2.16(a)所示。

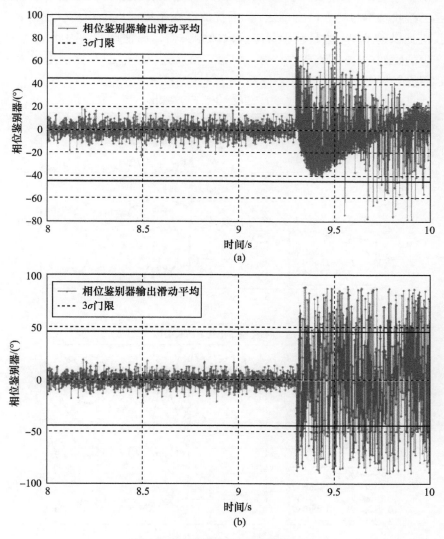

图 2.16 GPS L1 C/A 码跟踪性能

(a)存在带内 −120dBW CWI 情况下的载波相位鉴别器输出;(b)存在 −120dBW NBI 情况下的载波相位鉴别器输出。

2.4.4　对载噪比估计的影响

干扰会影响载噪比的估计值(C/N_0以(dB/Hz)表示),如图2.17所示,其中CWI和NBI不同干扰功率水平下C/N_0的变化趋势在图2.17(a)和(b)中进行了表示。注意,由于热噪声不增加,应将C/N_0定义为接收机输入端由于热噪声引起的接收功率与功率谱密度之比,干扰的存在不应改变噪声值。然而,GNSS接收机提供的C/N_0值是基于跟踪阶段的相关器输出估计的。因此,估计受干扰产生的附加(非热)噪声的影响。如第5章所述,C/N_0的变化也可作为干扰(或其他威胁)检测的可观测量。

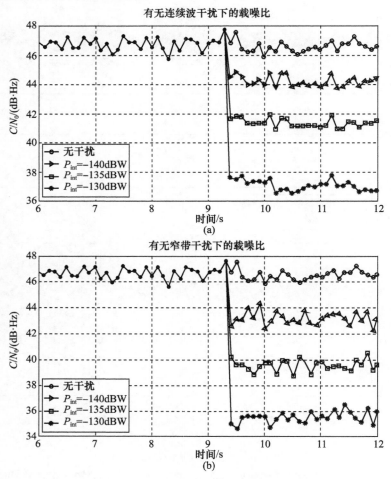

图2.17　在CWI和NBI存在情况下的载噪比密度估计

2.5 小结

本章概述了可能影响 GNSS 的射频干扰的主要地面来源。尽管存在大量可能的威胁,但需要注意的是,射频干扰通常只在通信系统设计不完善或发生故障事件时才产生。此外,伪发射也会随着与发射机的距离而衰减,从而只对近距离工作的 GNSS 接收机构成威胁。尽管如此,如本章第二部分所示,射频干扰可以影响接收器处理链的所有阶段,导致其提供的位置信息恶化。

2.6 参考文献

[1] Kaplan, E. D., and C. Hegarty, *Understanding GPS: Principles and Applications*, Norwood, MA: Artech House, 2005.

[2] Parkinson, B. W., and J. J. Spilker, *Global Positioning System: Theory and Applications*, Washington, DC: American Institute of Aeronautics and Astronautics, 1996.

[3] Landry, R. J., and A. Renard, "Analysis of Potential Interference Sources and Assessment of Present Solutions for GPS/GNSS Receivers," paper presented 4th Saint-Petersburg on INS, May 26–28, 1997.

[4] Volpe, J. A., "Vulnerability Assessment of the Transportation Infrastructure Relying on the Global Position System," National Transportation Systems, January 2000.

[5] "Digital Video Broadcasting (DVB): Framing Structure, Channel Coding and Modulation for Digital Terrestrial Television, 2004–2006," Sophia-Antipolis, France: European Telecommunications Standards Institute.

[6] Buck, T., and G. Sellick, "GPS RF Interference via a TV Video Signal," *Proc. 10th Int. Technical Meeting of the Satellite Division of the Institute of Navigation (ION GPS 1997)*, Kansas City, MO, September 1997, pp. 1497–1501.

[7] Motella, B., M. Pini, and F. Dovis, "Investigation on the Effect of Strong Out-of-Band Signals on Global Navigation Satellite Systems Receivers," *GPS Solutions*, Vol. 12, No. 2, March 2008, pp. 77–86.

[8] Borio, D., S. Savasta, and L. Lo Presti, "On the DVB-T Coexistence with Galileo and GPS Systems," *Proc. 3rd ESA Workshop on Satellite Navigation User Equipment Technologies (NAVITEC 2006)*, ESA/ESTEC, Noordwijk, The Netherlands, December 2006.

[9] Dimos, G., T. Upadhyay, and T. Jenkins, "Low Cost Solution to Narrowband GPS Interference Problem," *Proc. NAECON*, 1995.

[10] Kuriger, G., et al., "Investigation of Spurious Emission from Cellular Phones and the Possible Effect on Aircraft Navigation Equipment," *IEEE Trans. on Electromagnetic Compatibility*, Vol. 45, No. 2, 2003, pp. 281–292.

[11]   RTCA, "Portable Electronic Devices Carried on Board Aircraft," 1997; available at http//www.rtca.org.

[12]   Bastide, F., et al., "GPS L5 and Galileo E5a/E5b Signal-To-Noise Density Ratio Degradation Due to DME/TACAN Signals: Simulations and Theoretical Derivation," *Proc 2004 National Technical Meeting of the Institute of Navigation*, San Diego, CA, January 2004, pp. 1049–1062.

[13]   Hamalainen, M., et al., "On the UWB System Coexistence with GSM900, UMTS/WCDMA, and GPS," *IEEE J. on Selected Areas in Communications*, Vol. 20, No. 9, December 2002, pp. 1712–1721.

[14]   Cummings, D. A., "Aggregate Ultra Wideband Impact on Global Positioning System Receivers," *Proc. Radio and Wireless Conference (RAWCON 2001)*. pp.101–104, 2001. doi:10.1109/RAWCON.2001.947539

[15]   Andenon, D. S., et al., "Assessment of Compatibility Between Ultrawideband Systems and Global Positioning System (GPS) Receivers," NT1A Special Publication, February 2001.

[16]   Morton, Y. T., et al., "A Software Approach to Access Ultra-Wide Band Interference on GPS Receivers," *Proc. Position Location and Navigation Symposium (PLANS 2004)*, pp. 551–557, April 26–29, 2004. doi:10.1109/PLANS.2004.1309041.

[17]   Giuliano, R., and F. Mazzenga, "On the Coexistence of Power-Controlled Ultrawide-Band Systems with UMTS, GPS, DCS1800, and Fixed Wireless Systems," *IEEE Trans. on Vehicular Technology*, Vol. 54, No. 1, pp. 62–81, January 2005. doi:10.1109/TVT.2004.838843.

[18]   Pullen, S., and G. X. Gao, "GNSS Jamming in the Name of Privacy," *Inside GNSS*, Vol. 7, No. 2, March/April 2012, pp. 34–43.

[19]   Kraus, T., R. Bauernfeind, and B. Eissfeller, "Survey of In-Car Jammers—Analysis and Modeling of the RF Signals and IF Samples (Suitable for Active Signal Cancelation)," *Proc 24th Int. Technical Meeting of the Satellite Division of the Institute of Navigation (ION GNSS 2011)*, Portland, OR, September 2011, pp. 430–435.

[20]   Mitch, R. H., et al., "Know Your Enemy: Signal Characteristics of Civil GPS Jammers," *GPS World*, January 2012, Vol. 24, No. 1, pp. 64–71.

[21]   Borio, D., J. Fortuny-Guasch, and C. O'Driscoll, "Characterization of GNSS Jammers," *Coordinates*, Vol. IX, No. 5, May 2013, pp. 8–16.

[22]   Borio, D., "GNSS Acquisition in the Presence of Continuous Wave Interference," *IEEE Trans. on Aerospace and Electronic Systems*, Vol. 46, No. 1, January 2010, pp. 47–60.

[23]   Wildemeersch, M., et al., "Impact Study of Unintentional Interference on GNSS Receivers," European Commission Joint Research Center. doi:10.2788/57794.

[24]   Motella, B., et al., "Method for Assessing the Interference Impact on GNSS Receivers," *IEEE Trans. on Aerospace and Electronic Systems*, Vol. 47, No. 2, 2011, pp.1416–1432.

[25]   Betz, J. W., and K. R. Kolodziejski, "Generalized Theory of Code Tracking with an Early-Late Discriminator Part I: Lower Bound and Coherent Processing," *IEEE Trans.*

on Aerospace and Electronic Systems, Vol. 45, No. 4, October 2009, pp. 1538–1556.

[26]   Betz, J. W., and K. R. Kolodziejski, "Generalized Theory of Code Tracking with an Early-Late Discriminator Part II: Noncoherent Processing and Numerical Results," *IEEE Trans. on Aerospace and Electronic Systems*, Vol. 45, No. 4, October 2009, pp. 1557–1564.

第 3 章　欺骗式干扰威胁

Davide Margaria，Marco Pini

3.1　简介：转发式和生成式干扰攻击

近年来 GNSS 技术的应用不断发展，卫星导航接收机在各行业中广泛应用。在这种情况下，大众市场推动了导航技术在新兴市场中的应用，一定程度上得益于智能手机和带有嵌入式 GNSS 芯片的平板电脑的广泛使用[1]。应用程序的示例包括道路收费、随车付费、基于位置的服务、通信网络同步、金融交易、运输和车队管理。

卫星导航接收机容易受到蓄意干扰，这会让攻击者有机可乘，采用损害或者欺骗的方式对基于卫星导航的系统进行攻击。安全性不是文献[2]中强调的"GNSS 开放服务的内置特性"，因此该问题可能会对许多应用程序产生严重影响。事实上，至少根据接口控制文件（ICD）的当前版本，GPS L1 C/A 码[3]和 E1 伽利略 OS 信号[4]都没有在接收机中通过任何手段来确保数据源的真实性（信号认证）或提高接收机对可能攻击的鲁棒性（抗压制式干扰与抗欺骗式干扰）。当前民用 GLONASS 信号[5]也存在同样的问题。

就大众市场的 GNSS 接收机潜在信号脆弱性而言，基于这些接收机的应用程序数量之多，在某种程度上使人们注意到需要对接收机的输出（时间和位置）有某种形式的保证。最近，文献[2,6-8]中的许多研究强调了蓄意攻击者破坏 GNSS 接收机功能的风险。

从一般角度看，对 GNSS 接收机的蓄意攻击可能在两个不同的层面上起作用：直接对接收机（非信号攻击）；在 GNSS 空间信号（SIS）层面（信号攻击）。

第一类攻击（非信号攻击）是基于对接收机的直接攻击技术，通常包括篡改接收机内的信息，或者改变接收机向服务提供商以及控制中心发送的位置（中间人攻击）。

第二类攻击（信号攻击）包括对 GNSS 信号的蓄意攻击，通常分为三种不同的形式[9-10]：

（1）压制式干扰。通过故意发射电磁辐射（即射频干扰）来阻断 GNSS 信号的接收,从而降低接收机信噪比实现对用户的干扰[11]。

（2）转发式干扰。在信号空间中,无差别地转播不同卫星的延迟 GNSS 信号[11-12]。

（3）生成式干扰。传输生成的类 GNSS 虚假信号,目的是在不中断 GNSS 操作的情况下,在受害接收机内产生虚假位置[12]。

第 2 章已经讨论了压制式干扰攻击和其他干扰源干扰 GNSS 接收机的操作。本章主要讨论转发式干扰和生成式干扰,这对当前 GNSS 接收机与应用构成了日益严重的威胁。由于这类干扰是通过有意地传输延迟或伪造 GNSS 信号,因此在文献中也称为结构性干扰[13-18]。

假设 GNSS 接收机受到攻击,它将同时接收真实信号（接收到的N_s 个卫星）和伪造信号（来自转发式干扰器或生成式干扰器）。接收机的输入信号建模为

$$y_{RF}^a = \sum_{l=0}^{N_s-1} s_{RF,l}(t) + n(t) + a(t) \tag{3.1}$$

式中:$y_{RF}^a(t)$中的上标 a 突出了接收机受到攻击的事实;$s_{RF,l}(t)$为从视线中的第 l 个卫星接收到的真实信号;$n(t)$为噪声分量（如第 1 章所定义）;$a(t)$为从攻击者接收到的附加部分。$a(t)$是所有伪信号的总和,这些伪信号基本上是真实卫星信号的放大和延迟复制。因此,$a(t)$可以建模为

$$a(t) = \sum_{l=0}^{N_a} s'_{RF,l}(t) + n_a(t) \tag{3.2}$$

式中:N_a 为攻击者生成的伪信号副本$\hat{s}_{RF,l}(t)$的数量（通常 $N_a \le N_s$）;$n_a(t)$为攻击者可能造成的加性噪声。$n_a(t)$增加了受攻击接收机所接收的噪底能量$[n(t) + n_a(t)]$。

每个伪信号 $s'_{RF,l}(t)$通常是信号$\hat{s}_{RF,l}(t)$的放大和延迟副本,$\hat{s}_{RF,l}(t)$表示攻击者从第 l 个卫星信号获得的真实信号 $s_{RF,l}(t)$的估计。由于攻击者执行信号处理期间可能发生解调/估计错误,因此估计信号$\hat{s}_{RF,l}(t)$可能受到 $s_{RF,l}(t)$不一致性的影响。此外,对于攻击者不完全同步的情况（未锁定真实信号或在其多普勒频率估计中存在残余误差）,伪信号 $s'_{RF,l}(t)$可能包含残余调制信号,这是由于 $s_{RF,l}(t)$与 $s'_{RF,l}(t)$之间的频率差 Δf_l 和初始相位差 $\Delta\theta_l$ 而导致的。所以,$s'_{RF,l}(t)$的一般模型可以写为

$$s'_{RF,l}(t) = A_l(t)\hat{s}_{RF,l}(t - \tau_l(t))\cos(2\pi\Delta f_l t + \Delta\theta_l) \tag{3.3}$$

式中:$A_l(t)$为伪复制品和真实信号的幅度比值;$\tau_l(t)$为伪复制品与真实信号之间的相对延迟。注意,根据攻击的类型,$A_l(t)$和 $\tau_l(t)$可以随时间变化,也可以是常量。在简要介绍之后,本章描述了不同类型的转发式与欺骗式攻击,并针对

每种类型的攻击,提供了组件 $a(t)$ 的不同分析模型,讨论了相关参数。另外,还应特别注意可能的混合/组合技术。

本节概述了每种攻击的主要特征,试图回答以下问题:

(1)攻击包括什么?

(2)攻击如何影响目标接收器?

(3)实施它需要什么?

(4)攻击者是否有任何限制或缺点?

第 8 章将讨论能够检测和/或减轻每个特定攻击的可能对策。

3.2　转发式干扰

转发式干扰可定义为接收、延迟和重播(或记录和回放)包含一组 GNSS 信号的整个射频(RF)频谱块[18-19]。如表 3.1 所列,从观测卫星接收的 GNSS 信号在接收阶段通常不分离。此外,测量攻击引入相对延迟,使得测量信号相对于真实信号以正延迟到达目标接收机。

注意,测量攻击中伪信号副本的数量对应于视图中卫星的数量($N_a = N_s$)。此外,测量器生成与真实信号 $s_{\mathrm{RF},l}(t)$ 精确对应的伪信号副本 $s'_{\mathrm{RF},l}(t)$,即 $\hat{s}_{\mathrm{RF},l}(t) = s_{\mathrm{RF},l}(t)$,除了恒定的放大因子 $[A_l(t) = A_m > 1]$ 和恒定的延迟 $[\tau_l(t) = \tau_m > 0]$。由于其硬件组件(如表 3.1 所列,天线、低噪声放大器和发射前端),它还引入了额外的噪声贡献,即 $n_a(t) = n_m(t)$。这个贡献是不可忽略的,并且增加了受害者接收机看到的总噪声功率 $n(t) + n_m(t)$。转发干扰不会对伪信号引入剩余调制,即 $\Delta f_l = 0$ 和 $\Delta\theta_l = 0$。此时,式(3.2)可以重写为

$$a(t) = \sum_{l=0}^{N_s-1} A_m s_{\mathrm{RF},l}(t - \tau_m) + n_m(t) \qquad (3.4)$$

式中:下标 m 突出显示测量攻击的特定参数。注意,在转发式干扰中进行数字信号处理的情况下,延迟 τ_m 也可以表示为正样本数。

表 3.1　转发式干扰的主要特征

说明	无线电导航信号的接收、延迟和重播
硬件要求	GNSS 天线 + 低噪放 + 射频前端
对目标接收机的影响	它不能任意操纵目标接收机的(PVT)。相反,目标接收机将被混淆,并将显示转发干扰机的位置、速度以及时间上与真实事件的差别
场景要求	转发干扰机必须位于目标接收机附近,或者必须计算和调整低噪放增益,以确保接收机适当的功率电平,这取决于转发干扰机和目标接收机之间的距离

实施限制	易于实施,它需要很少的射频组件,没有特定的软件开发
检测难度	如果引入的延迟与接收机时钟漂移不一致,有可能被检测到(同样取决于最后一个有效的 PVT 解)

转发式干扰的示例可以在文献[6]和文献[20]中找到,这些文献都使用了一个简单的转发器进行实时测试。

3.3　欺骗

如图 3.1 所示,在 GNSS 文献中,欺骗攻击通常分类为简单、中等(或跟踪)和复杂[16-17]。其他参考文献使用不同的术语和攻击分类,具体取决于每个攻击的特性和实现细节。例如,一个关键特征是伪信号可能与真实信号同步(同步或非同步欺骗)。然而,简单的、中等的和复杂的三类欺骗提供了攻击的一般分类,取决于实现的复杂性。通过为每种类型的威胁添加应急规范(包括技术细节)以及提及可能的变体,可以进一步丰富这种高层次的威胁。

对于每个类别,下面将采用并分别进行讨论。此外,为全面起见,不属于这些常规类别的改进/混合方法在第 3.4 节中考虑。

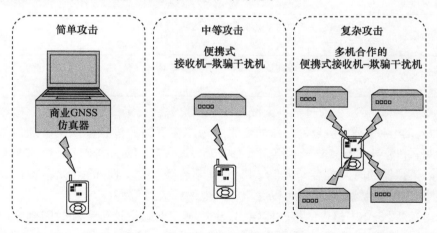

图 3.1　简单、中等和复杂的生成式干扰攻击示例(来源于文献[16])

3.3.1　简单攻击

在一种简单的欺骗攻击中,GNSS 信号模拟器通常与射频发射前端相连,用于模拟真实信号(表 3.2)。一个简单的欺骗可以产生 GNSS 信号,但它通常无法使生成信号与实际信号保持一致和时间同步。它被认为是最简单的欺骗,但由于生成的信号与真实信号不同步,并且具有更高的功率,这种欺骗可以通过简单的对策来解决。在简单攻击情况下,伪信号可以建模为式(3.2)和式(3.3)的形式,注意伪信号 $s'_{\mathrm{RF},l}(t)$ 可能与真实信号 $s_{\mathrm{RF},l}(t)$ 不一致。事实上,它们可能会受到导航电文中粗略差异的影响(例如旧的星历数据)和/或它们可能代表在受害者接收机位置看不到的卫星。此外,由于缺少同步,它们通常受到不可忽略的残余调制效应的影响($\Delta f_l = 0$ 和 $\Delta T_l = 0$)。

以一次成功的简单化攻击为例进行介绍,结果如图 3.2 所示。在该示例中,使用消费级接收器和商用硬件 GNSS 信号模拟器进行了实验测试。测试从一个初始条件开始,接收器跟踪来自屋顶天线的实时 GPS 信号(位于意大利都灵;纬度 45.065274353°N,经度 7.6589692°E,高度 312m)。

表 3.2 简单生成式欺骗攻击的主要特征

说明	GPS 信号模拟器向受害者接收机广播高功率伪 GPS 信号
硬件要求	GPS 信号模拟器,包括功率放大器和射频发射前端
对目标接收机的影响	对于在跟踪模式下工作的接收机来说,欺骗信号看起来像噪声(欺骗信号基本上与真实信号不同步)。它可能导致受害者接收机失去锁定,并经历部分或完全重新获取
场景要求	位于目标接收器天线附近的广播天线或直接连接到受害者接收器天线,以防同谋欺骗
实施限制	易于实施;它只需要商业组件,没有具体的软件开发。 成本和尺寸:大多数信号模拟器是昂贵的,沉重的,复杂的
检测难度	易于检测,因为很难同步模拟器的输出与实际 GNSS 信号在其附近,导致它的 PVT 解决方案发生跳跃

测试中的接收机通过拔下天线电缆来被迫解锁真实信号。然后将该电缆直接插入信号模拟器,信号模拟器的配置是为了在不同的位置模拟接收到的信号(罗马;纬度 41.893056°N,经度 12.482778°E,高度 21m,距离都灵约 525km)。此外,模拟器的时间刻度与实际 GPS 时间不一致(相差 1min)。此案例代表了一种共谋欺骗场景,攻击者可以完全访问电缆或天线位置。

关注图 3.2 中报告的接收器输出,注意测试期间估计位置和时间刻度的不连续性。具体而言,接收器报告的位置从实际位置(都灵)跳到模拟位置(罗马),如图 3.2(a)所示。此外,由于实际和模拟时间刻度之间的不一致(本例中为 1min),从接收器记录的时间信息显示不连续,如图 3.2(b)所示。在图 3.2(c)和(d)的水平轴上也可以发现缺失的时间间隔,其中还报告了估计纬度和经度坐标的不连续性。

纬度与经度坐标

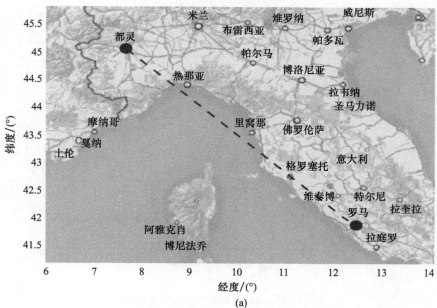

(a)

在简单干扰攻击下时间尺度上的不连续性

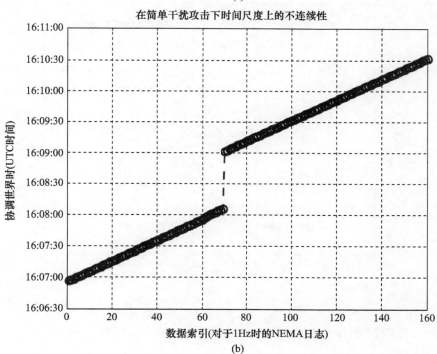

(b)

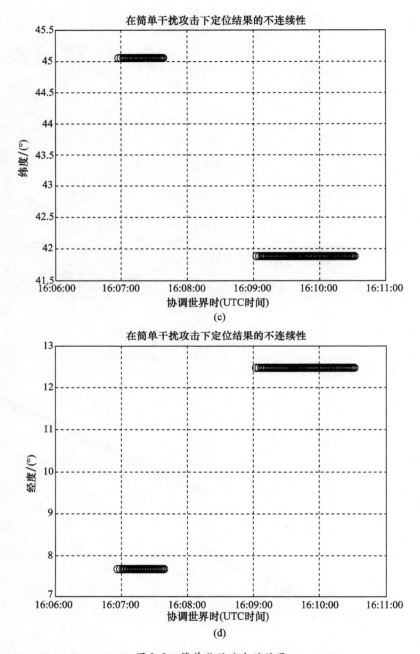

图 3.2 简单欺骗攻击的结果

（a）目标接收器的真实和伪造位置；（b）时间尺度上的不连续性；（c）估计纬度；（d）经度。

还要注意的是,刚拔下天线电缆并插入模拟器,接收机就报告了几个无效位置。然而,图 3.2 所示的不连续性,以及更一般而言,存在欺骗攻击时接收器的行为取决于内部逻辑和接收机算法。关于这些主题的更多细节将在第 8 章中提供,其中将讨论可能的基于对测量值和 GNSS 接收机输出的监测的反生成式欺骗干扰技术。

另一个简单化攻击的例子见文献[21]。阿贡国家实验室的研究人员能够欺骗两个大众市场接收器(通常用于徒步旅行和汽车)报告错误的位置信息。在文献[21]中,他们描述了如何在开始实际的欺骗攻击之前阻塞受害者接收机信号。他们通过把接收机天线遮住,或者使用 GPS 干扰机来强制受害者接收机从真实信号失锁,然后锁定(更强的)伪信号。

3.3.2 中等攻击

这种类型的欺骗攻击比简单攻击更复杂、更危险。如表 3.3 所列,中等欺骗装置由能够接收 GNSS 信号并产生伪信号的装置组成。欺骗装置从接收到的信号中提取时间、位置和卫星信息,然后利用本地码和载波的同步来生成可信的伪信号。在中等欺骗攻击中,伪信号与真实信号进行码相位对齐。具体来说,它们至少应在半码芯片内同步,以便成功实施攻击。因此,必须了解欺骗装置和目标天线之间的相对位置(3D 矢量)以及动力学。如图 3.3 所示,接收机欺骗干扰装置同时攻击目标的各跟踪信道目标,其中 GPS 接收机首先执行码相位对准,然后进行信号提升[16-17]。

表 3.3 中等欺骗攻击的主要特征

说明	这个欺骗装置首先与 GNSS 信号同步,知道其发射天线朝向目标接收天线的 3D 指向向量的情况,然后产生欺骗信号
硬件要求	一种为欺骗目的而适当设计的定制设备,或者作为替代,一种与射频发射前端相结合的改进型 GNSS 接收机
对目标接收机的影响	目标接收机的每个信道都处于控制之下。伪相关峰与真实信号相关峰对齐,伪信号能量然逐渐增加("跟踪"欺骗)。最终,伪信号获得了对相关峰值两侧 DLL 跟踪点的控制(见图 3.3)
场景要求	它需要准确地了解目标接收器的天线位置和速度(动力学),自欺骗(limpet 欺骗)很容易实现。事实上,欺骗可以小到可以放在不显眼的目标接收器的天线附近
实施限制	欺骗干扰装置中软件复杂,硬件成本低
检测难度	难以发现和衰减;只有复杂的对抗措施(如到达角防御)才能有效对抗中等攻击

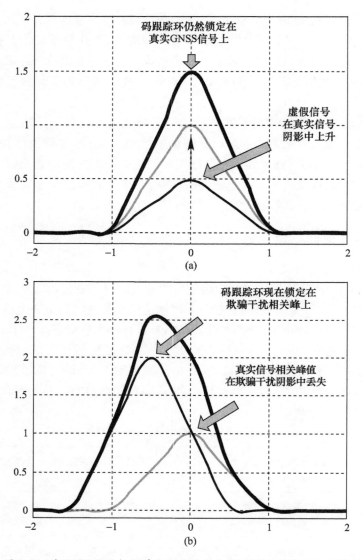

图 3.3　对 GNSS 接收机的单个信道进行中间(跟踪)欺骗攻击的图示
(来源于文献[16])。伪信号与真实信号对齐,其功率增加(a),
直到欺骗者获得对该信号的控制跟踪环路 b)

　　回顾式(3.2)和式(3.3),图 3.3 中所示的行为可以通过调节伪信号和来自第 l 个卫星的真实信号之间的相对振幅比 $A_l(t)$ 和相对延迟 $\tau_l(t)$ 来实现。必须注意,中间欺骗通常与真实信号同步,因此式(3.3)中的 Δf_l 参数可忽略不计,即 $\Delta f_l =0$。

　　文献[16]中描述了便携式民用 GPS 欺骗器的可能实现方案。该文献给出

48

了一个中等欺骗器的设计方法,可实现为一个改进的结合射频发射前端的软件定义接收机。此接收机欺骗装置能够执行攻击,从而击败大多数已知的基于用户设备的欺骗对策。

除了文献[16]所述的基于改进 GNSS 接收机的体系结构外,还通过试验台模拟了中等攻击[22-24];这些设置使研究人员能够通过实验测试可能的攻击,并在可重复的场景中验证所提出的对策。

必须指出的是,为了降低对抗中等攻击的有效性,避免式(3.2)和式(3.3)中 $\hat{s}_{RF,l}(t)$ 和 $s_{RF,l}(t)$ 之间可能的不一致,需要对导航数据位进行预测。利用动态比特估计实施攻击的一个特定选项是安全码估计和重放(SCER)攻击,这将在 3.4 节中讨论。

3.3.3　复杂欺骗式干扰

多个协调和同步的接收机可以组成最复杂的欺骗设备[17]。如表 3.4 所列,这些协调的接收机能够像中等欺骗一样生成和传输伪信号。它们具有关于其天线相位中心和目标天线相位中心的亚厘米级三维位置信息,并且依赖其射频信号的结构特性,可以轻易地击败复杂的对抗措施(例如到达角防御)。此外,这些欺骗可以抑制在目标接收器的天线上的真实信号。因此,只有加密防御(如信号认证)或使用混合解决方案(利用来自其他传感器的数据)才能代表针对此类欺骗的强大对抗措施,这将在第 8 章中讨论。

回顾式(3.2)和式(3.3),注意复杂欺骗攻击的特点是伪信号和真实信号之间的精确同步,导致可忽略的频率和相位差($\Delta f_l = 0$ 和 $\Delta \theta_l = 0$)。

毫无疑问,这种复杂设备的开发和部署具有挑战性,因为这种设备的开发非常复杂,而且需要了解目标接收机天线亚厘米级位置信息。这些事实导致使用复杂欺骗工具实施协同攻击变得更加困难,而且协同攻击可能性相对较低[17]。事实上,文献[8]明确指出,没有公开文献报道过复杂攻击的发展。

表 3.4　复杂欺骗攻击的主要特征

说明	一个协调的中等欺骗网络不仅复制可见信号的内容和相互对齐,而且还复制它们的空间分布
硬件要求	多个锁相便携式接收机欺骗(中等欺骗,见表3.3)
对目标接收机的影响	类似于中等欺骗攻击(见表3.3),也是最有效的欺骗类别
场景要求	需要知道目标接收天线相位中心亚厘米级的位置和速度
实施限制	最复杂的欺骗类别。有效区域要有限得多
检测难度	能够欺骗甚至多天线(到达角)欺骗防御。仅基于 GNSS 的欺骗防御可能无法检测

3.4 混合/组合欺骗技术

为了能够比较不同的技术,这里对前述的欺骗攻击进行常规分类(简单、中等和复杂)。然而,这种分类可能在某些实际情况下限制性太强;事实上,传统攻击和混合/组合解决方案的改进版本已经在文献中提到。因此,为了提供尽可能全面的分析,下面概述混合/组合欺骗技术。

3.4.1 中继攻击

如文献[15]中所述,中继攻击(或虫洞攻击)代表了经典转发式干扰攻击的改进版本(之前在3.2节中讨论过)。

如图3.4所示,中继攻击不同于常规转发式干扰,因为转发式干扰设备的接收天线和射频发射前端(包括低噪声放大器和发射天线)位于很远的地方。在这种情况下,它们之间的距离使得传统的测量攻击(直接接收和重播GNSS信号)不可行,因为它需要过大的传输功率(LNA增益)。因此,实时无线电链路用于将从远距离天线接收到的GNSS信号发送到目标接收机。可以使用两个调制解调器来执行信号的模数转换(ADC)和数模转换(DAC),如图3.4的下半部分所示。

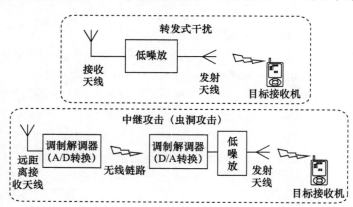

图3.4 传统转发式干扰与中继干扰的区别

中继攻击的伪信号可采用与式(3.4)中针对常规转发式干扰类似的方式建模,即

$$a(t) = \sum_{l=0}^{N_a-1} A_r \hat{s}_{\text{RF},l}(t - \tau_r) + n_r(t) \tag{3.5}$$

式中:下标 r 用于表征中继攻击的特定参数,即放大因子 A_r、延迟 τ_r、噪声 $n_r(t)$。

注意,伪信号$\hat{s}_{\mathrm{RF},l}(t)$可以与真实信号$s_{\mathrm{RF},l}(t)$不一致,主要是由于远程天线和受攻击接收机之间的距离较大,导致不同的可见光星($N_a \neq N_s$)。另一个重要的区别是,在中继攻击的情况下,攻击者添加的噪声分量$n_r(t)$还考虑了无线电链路(包括两个调制解调器)的噪声影响。

中继攻击技术用基于 GNSS 信号的常规的对抗措施很难探测到中继干扰。为了检测攻击,需要交叉检查 PVT 解算结果与其他传感器的有效性(例如,一个高度稳定的时钟,用于检测时间刻度中可能的不一致)。然而,这种攻击在逻辑上可能是复杂的,特别是在目标接收器不是静态的情况下;事实上,必须采取相应的措施,以便在不被注意的情况下,以合理的方式相对于目标天线移动远程天线。

3.4.2 可变延迟转发式干扰

文献[13]中提到了传统转发式干扰的另一个修改版本。与式(3.4)或式(3.5)中的恒定延迟不同,其思想是控制由测量器插入的延迟。这允许欺骗可能实施的对抗措施,例如基于对时钟漂移的监测。此时,这种类型的攻击可以建模为

$$a(t) = \sum_{l=0}^{N_s-1} A_m \hat{s}_{\mathrm{RF},l}(t - \tau_m) + n_m(t) \tag{3.6}$$

其中,与式(3.4)中常规转发式干扰的唯一区别是存在转发干扰机引入的可变延迟τ_m。

文献[13]指出,高性能数字信号处理硬件允许将延迟(以数字采样数为单位)控制到更小的值。在该极限下,如果延迟接近于零,则转发干扰信号和真实信号是码相位对齐的。因此他们得出结论,对于中等欺骗,这样地对准使得目标接收机的跟踪环路能够无缝地切换,随后转发干扰机可以采用与目标接收机时钟漂移一致的速率增加延迟,然后逐渐施加显著的定时延迟。

这种类型的攻击对特定的基于时间信息的应用程序构成威胁(例如通信/能源网络同步)。事实上,这种攻击可以利用有限的成本和资源,基于与转发式干扰攻击类似的组件(见表3.1)来实施。唯一的附加要求是提供一个数字信号处理平台,用于控制测量信号的延迟。

此外,具有可变延迟的转发干扰机可以通过级联与其他技术相结合,通过多个步骤产生更复杂的攻击。例如,可以使用它作为第一步,以便秘密地在所有 GNSS 信号插入延迟。一旦这样的延迟足以执行对接收到的导航数据位的可靠估计,攻击的第二步就可以开始,包括对接收到的信号进行有害的任意操作(例如,通过安全码估计和重放攻击(SCER)方式攻击)。

3.4.3　安全码估计和重放攻击

文献[13]和文献[18]中介绍了一种实现中等欺骗攻击的方法,称为SCER,可以用来对付具有密码防御功能的GNSS信号(不可预测的导航信息位或安全码芯片)。SCER攻击的思想是动态估计接收信号中(而不仅是预测)每个加密的和不可预测的码片(或导航消息)的值位。回顾式(3.2)和式(3.3),SCER攻击与传统中等欺骗的主要区别在于$\hat{s}_{RF,l}(t)$未预测,但会在传输过程中进行估计。这意味着,为了能够产生可信的伪信号$s'_{RF,l}(t)$,生成式欺骗干扰机必须直接观察扩频码序列和来自接收信号$s_{RF,l}(t)$的导航数据位。此估计过程强制生成式欺骗干扰机在接收到的信号和虚假的复制信号之间引入正的观察延迟$\tau_{obs,l}$。这种固定的延迟($\tau_{obs,l}>0$)是为了保证接收信号的可靠估计,避免$s'_{RF,l}(t)$中的不一致性。生成式干扰机同时需要额外的控制延迟$\tau_{ctr,l}(t)$,能够控制来自不同卫星的信号之间的相对延迟。

综上所述,伪复制信号和来自第l个卫星的真实信号之间的总的$\tau_l(t)$,可以写为

$$\tau_l(t) = \tau_{obs,l} + \tau_{ctr,l}(t) \tag{3.7}$$

式中:$\tau_{ctr,l}(t)$可以由生成式干扰机独立地修改,以便操纵目标接收机的PVT解算结果。

如文献[13]和文献[18]中所讨论的,文献中还提供了该方法的数学细节,生成式欺骗干扰信号和真实信号之间的这种估计与控制延迟是SCER攻击的一个关键特点,它能够克服可能的密码防御。

然而,相对于传统的中等生成式欺骗干扰攻击,安全码片的估计增加了SCER的复杂性和相关成本。

3.4.4　基于高增益天线的转发式与生成式欺骗干扰

如文献[15]所述,一种更复杂的针对加密保护信号的欺骗攻击(见第8章)是基于高增益GNSS天线的使用。在这种情况下,至少4个定向天线指向4个不同的卫星,并用于分别解调它们的信号$s_{RF,l}(t)$。如果天线增益足够,数据位和扩频码就会上升到噪底以上,无须解扩过程即可直接观测到。

根据式(3.2)和式(3.3),由于高增益天线将观察到的信号提升到噪底以上,第l个卫星的估计信号$\hat{s}_{RF,l}(t)$不受不一致性和估计误差的影响。因此,生成式欺骗干扰设备可以重新生成每个卫星信号分量,产生一个可信的伪信号$s'_{RF,l}(t)$。与其他类型的攻击一样,可以插入选择性延迟$\tau_l(t)$来操纵目标接收机的PVT解算结果。

然而,依靠定向天线的增益和信号特性,文献[15]中的方法可实现的信噪比(SNR)可能不足以可靠地直接分离和解码信号分量。在这种情况下,若不采用生成式欺骗干扰,则通过选择性地延迟每个天线的原始信号,在重播组合信号之前将这些通道的信号混合在一起,这种改进的转发式干扰仍然是可行的。混合转发式干扰信号可建模为

$$a(t) = \sum_{k=0}^{N_a-1} A_{m,k}[s_{\mathrm{RF},k}(t - \tau_k(t)) + n_{m,k}(t - \tau_k(t))] \tag{3.8}$$

式中:N_a 为指向不同卫星的高增益天线的数量,对应于由转发式干扰机组合的不同通道;$A_{m,k}$、$\tau_k(t)$ 和 $n_{m,k}$ 分别为对应于第 k 个通道的放大因子、延迟和噪声增量。

相对于前面的多天线生成式欺骗干扰,这种改进的转发式欺骗干扰的主要缺点是与来自第 k 个天线的原始信号相关的所有噪声分量 $n_{m,k}(t)$ 被求和后包含在 $a(t)$ 中,从而增加了受攻击接收机接收到的总噪声分量,即 $n(t) + \sum_{k=0}^{N_a-1} n_{m,k}(t)$。此外,对于第 k 个信道,未被天线增益完全抑制的卫星信号(在定向天线波束附近)将附加在期望的(伪造的)卫星信号中,为反生成式欺骗干扰措施提供潜在依据。

从理论上讲,使用高增益天线有助于克服密码防御,因此生成式和转发式欺骗干扰都可以实现。然而,实际执行这些攻击并不简单,基本上是高成本和逻辑复杂引起的问题,这些问题与设置多个高增益天线以分别接收来自视界中每个卫星的信号有关。如果目标接收机不是静止的,这些问题会降低这种攻击的适用性和可行性,尤其是在观测到大量卫星的情况下。

3.5 结论

本章讨论了针对 GNSS 空间信号可能存在的威胁和脆弱性,重点讨论了欺骗 GNSS 接收机、迫使其提供错误解算结果的可能攻击。

本章对不同类型的转发式干扰和生成式干扰进行了分类和讨论。这些攻击在文献中也称为结构性干扰,因为它们是基于有意传输延迟或伪造的 GNSS 信号。本章第一部分采用了简单、中等和复杂攻击的常规分类,以便有一个通用术语。混合干扰不适合以上分类方式,但是为了完整性,本章对混合干扰进行了描述,包括对传统的转发式和生成式方法的修改和/或组合。这些混合技术可以生成最危险的攻击类型。事实上,多种技术可以级联组合,生成基于多个步骤的复杂攻击。在这些混合干扰攻击下,常规的检测和缓解解决方案可能无效,因此需

要采取适当的对策,如第 8 章所述。

3.6 参考文献

[1] Linty, N., and P. Crosta, "Code and Frequency Estimation in Galileo Mass Market Receivers," *Proc. 2013 Int. Conf. on Localization and GNSS (ICL-GNSS)*, June 25–27, 2013, pp. 1–6. doi:10.1109/ICL-GNSS.2013.6577262.

[2] Heng, L., D. B. Work, and G. X. Gao, "Cooperative GNSS Authentication. Reliability from Unreliable Peers," *Inside GNSS*, Vol. 8, No. 5, September/October 2013, pp. 70–75.

[3] Global Positioning Systems Directorate Systems Engineering & Integration, *Navstar GPS Space Segment/Navigation User Interface*, Interface Specification IS-GPS-200H, September 24, 2013.

[4] European Commission, *European GNSS (Galileo) Open Service Signal in Space Interface Control Document*, OS SIS ICD, Issue 1.1, September 2010.

[5] Russian Institute of Space Device Engineering, *Global Navigation Satellite System GLONASS Interface Control Document*, Navigational Radiosignal in Bands L1, L2, Edition 5.1, 2008.

[6] Akos, D. M., "Who's Afraid of the Spoofer GPS/GNSS Spoofing Detection via Automatic Gain Control (AGC)," *J. of the Institute of Navigation*, Vol. 59, No. 4, Winter 2012, pp. 281–290.

[7] Troglia Gamba, M., B. Motella, and M. Pini, "Statistical Test Applied to Detect Distortions of GNSS Signals," *Proc. 2013 Int. Conf. on Localization and GNSS (ICL-GNSS)*, June 25–27, 2013, pp. 1–6. doi:10.1109/ICL-GNSS.2013.6577267.

[8] Wesson, K., D. Shepard, and T. Humphreys, "Straight Talk on Anti-Spoofing. Securing the Future of PNT," *GPS World*, Vol. 13, No. 1, January 2012, pp. 32–63.

[9] Royal Academy of Engineering, *Global Navigation Space Systems: Reliance and Vulnerabilities*, March 2011.

[10] Wildemeersch, M., et al., "Impact Study of Unintentional Interference on GNSS Receivers," Technical Report of the EC Joint Research Center, Security Technology Assessment Unit, EUR 24742 EN, 2010.

[11] De Castro, H. V., G. van der Maarel, and E. Safipour, "The Possibility and Added-value of Authentication in future Galileo Open Signal," *Proc. 23rd Int. Technical Meeting of the Satellite Division of the Institute of Navigation*, Portland, OR, September 2010.

[12] Kaplan, D. E., and C. J. Hegarty, *Understanding GPS: Principles and Applications*, 2nd ed., Norwood, MA: Artech House, 2006.

[13] Wesson, K., M. Rothlisberger, and T. Humphreys, "Practical Cryptographic Civil GPS Signal Authentication," *J. of the Institute of Navigation*, Vol. 59, No. 3, Fall 2012, pp. 177–193.

[14]   Lo, S., et al., "Signal Authentication: A Secure Civil GNSS for Today," *Inside GNSS*, Vol. 4, No. 5, September/October 2009, pp. 30–39.

[15]   Kuhn, M. G., "An Asymmetric Security Mechanism for Navigation Signals," *Information Hiding, Lecture Notes in Computer Science*, Vol. 3200, Berlin, Germany: Springer, 2005, pp. 239–252.

[16]   Humphreys, T., et al., "Assessing the Spoofing Threat: Development of a Portable GPS Civilian Spoofer," *Proc. 21st Int. Technical Meeting of the Satellite Division of the Institute of Navigation* (ION GNSS 2008), Savannah, GA, September 2008, pp. 2314–2325.

[17]   Ledvina, B. M., et al., "An In-Line Anti-Spoofing Device for Legacy Civil GPS Receivers," *Proc. 2010 Int. Technical Meeting of the Institute of Navigation*, San Diego, CA, January 2010, pp. 698–712.

[18]   Wesson, K., M. Rothlisberger, and T. Humphreys, "A Proposed Navigation Message Authentication Implementation for Civil GPS Anti-Spoofing," *Proc. 24th Int. Technical Meeting of the Satellite Division of the Institute of Navigation* (ION GNSS 2011), Portland, OR, September 2011, pp. 3129–3140.

[19]   John A. Volpe National Transportation Systems Center, *Vulnerability Assessment of the Transportation Infrastructure Relying on the Global Positioning System*, Final Report, August 2001.

[20]   Akos, D. M., "GNSS RFI/Spoofing: Detection, Localization, & Mitigation," paper presented at Stanford's 2012 PNT Challenges and Opportunities Symposium, November 2012.

[21]   Warner, J. S., and R. G. Johnston, "A Simple Demonstration That the Global Positioning System (GPS) Is Vulnerable to Spoofing," *Journal of Security Administration*, Vol. 25, 2002, pp. 19–28.

[22]   Humphreys, T., et al., "The Texas Spoofing Test Battery: Toward a Standard for Evaluating GPS Signal Authentication Techniques," *Proc. 25th Int. Technical Meeting of the Satellite Division of the Institute of Navigation* (ION GNSS 2012), Nashville, TN, September 2012, pp. 3569–3583.

[23]   Pozzobon O., et al., "Status of Signal Authentication Activities within the GNSS Authentication and User Protection System Simulator (GAUPSS) Project," *Proc. 25th Int. Technical Meeting of the Satellite Division of the Institute of Navigation* (ION GNSS 2012), Nashville, TN, September 2012, pp. 2894–2900.

[24]   Humphreys, T., et al., "A Testbed for Developing and Evaluating GNSS Signal Authentication Techniques," *Proc. Int. Symp. on Certification of GNSS Systems & Services* (CERGAL), Dresden, Germany, 2014, pp. 1–15.

第4章 GNSS 信号干扰的分析评估

Fabio Dovis，Luciano Musumeci，Davide
Margaria，Beatrice Motella

4.1 引言

如第 3 章所述，射频干扰（RFI）是一个类别，它包括几种不同的信号，这些信号具有不同的特性，可以以完全不同的方式影响 GNSS 接收机。因此，尤其是在设计阶段，拥有能够评估干扰信号特征和接收机设备预期性能的分析工具是非常重要的。

载噪比测量对于确定 GNSS 接收机性能至关重要，因为载噪比 C/N_0 被普遍接受为代表不同衡量指标的参数（例如，载波和码跟踪抖动）。当信号受到干扰影响时，会造成性能损失（见第 2 章），考虑到与实际 C/N_0（导致相同性能损失的 C/N_0）的等效性，定义有效 C/N_0 是很有用的。

然而，不能仅将干扰存在时的影响建模为"等效噪声"的增加。实际上，根据干扰信号的特性，同时考虑到接收机处理，对伪距估计的影响可能会导致方差增加以及测量的偏差，从而导致位置估计精度的损失。

本章会介绍一种基于谱分离系数（Spectral Separation Coefficient，SSC）的经典方法，该方法可用于评估接收机 C/N_0 估计的损失。本章还会介绍最新的干扰误差包络技术，该技术可以实现对测量偏差的预测。

4.2 干扰存在时 C/N_0 损失的理论模型

文献[1]和文献[2]中给出了窄带干扰存在时有效 C/N_0 的详细推导。该模型假设复基带信号 $s(t)$ 具有未知的接收延迟 τ 和相位 θ；频率在相干积分时间倒数的一小部分内已知。令 $w(t)$ 为干扰加噪声分量，并假设 $s_1(t)$ 为经过发射机传递函数 $H_T(f)$ 和接收机传递函数 $H_R(f)$ 滤波后的有用 GNSS 信号（也滤除了噪声分量），则接收到的信号为

$$x(t) = e^{j\theta} s_1(t-\tau) + w(t) \tag{4.1}$$

另一个重要的假设是没有触发自动增益控制（AGC）计数器，因此可以认为增益是恒定的。接收信号的功率谱为 $CG_s(f)$，其中 $G_s(f)$ 是在无限范围内归一化为单位面积的功率谱密度（PSD），C 是接收信号的功率。热噪声的功率谱密度为 N_0，干扰信号的功率谱密度为 $C_IG_I(f)$，其中 $\int_{-\beta_r/2}^{\beta_r/2} G_I(f) = 1$，$\beta_r$ 为射频前端带宽。此外，假定接收机射频前端的增益是已知的。

在文献[1]中，有效 C/N_0 是根据相关后信噪比（SNR）估计的。因为在相干和非相干结构中，有效 C/N_0 的计算公式是相同的，所以以下针对相干 SNR 的情况给出这一数学推导的最重要的步骤。

相干 SNR 由相干检验统计量 $\lambda(\tau,\theta)$ 的均值和方差的比值得到，$\lambda(\tau,\theta)$ 为接收数据与本地复制生成的 $s(t)$ 之间即时相关值的实部。因此，检验统计量变为

$$\lambda(\tau,\theta) = \Re\left\{\frac{1}{T}\int_{-T/2}^{T/2} e^{i\theta}s_1(t)\,s^*(t-\tau)\mathrm{d}t + \frac{1}{T}\int_{-T/2}^{T/2} w(t)\,s^*(t-\tau)\mathrm{d}t\right\}$$

(4.2)

式中：第一个积分为信号分量；第二个积分为即时相关器定义中的噪声分量；T 为接收数据与本地复制信号相关运算的相干积分时间。由于 $w(t)$ 包含噪声和干扰分量，因此可以定义相干信号噪声干扰比（Signal – to – Noise plus Interference Ratio，SNIR）为

$$\rho_c = \frac{|E\{\lambda(\tau,\theta)\}|^2}{\mathrm{var}\{\lambda(\tau,\theta)\}} = \frac{2TC\left[\Re\left\{e^{i\theta}\int_{-\infty}^{\infty} G_s(f)H_\mathrm{T}(f)H_\mathrm{R}(f)e^{i2\pi f\tau}\mathrm{d}f\right\}\right]^2}{\int_{-\infty}^{\infty} G_w(f)\,G_s(f)\mathrm{d}f}$$

(4.3)

输出 SNIR 在 $\tau = 0$ 时达到最大值。因此，将噪声和干扰分量分解为 $G_w(F) = |H_R(f)|^2[N_0 + C_IG_I(f)]$，SNIR 的最终表达式为

$$\rho_c = \frac{2T\dfrac{C}{N_0}\left[\int_{-\infty}^{\infty} |H_R(f)|^2G_s(f)\mathrm{d}f\right]^2}{\int_{-\infty}^{\infty} |H_R(f)|^2G_s(f)\mathrm{d}f + \dfrac{C_I}{N_0}\int_{-\infty}^{\infty} |H_R(f)|^2G_I(f)G_s(f)\mathrm{d}f}$$

(4.4)

当不存在干扰时（$C_I = 0$），式（4.4）简化为

$$\rho_c = 2T\frac{C}{N_0}\int_{-\infty}^{\infty} |H_R(f)|^2G_s(f)\mathrm{d}f$$

(4.5)

如文献[1]和文献[2]中所述，有效 C/N_0 定义为产生相同输出 SNIR 的载波

噪声密度比(无干扰且仅有白噪声)。因此,根据式(4.5),有效 C/N_0 变为

$$\left(\frac{C}{N_0}\right)_{\text{eff}} = \frac{\rho_c}{2T\int_{-\infty}^{\infty} |H_R(f)|^2 G_s(f)\mathrm{d}f}$$

$$= \frac{C\int_{-\infty}^{\infty} |H_R(f)|^2 G_s(f)\mathrm{d}f}{N_0\int_{-\infty}^{\infty} |H_R(f)|^2 G_s(f)\mathrm{d}f + C_I\int_{-\infty}^{\infty} |H_R(f)|^2 G_I(f) G_s(f)\mathrm{d}f} \quad (4.6)$$

当射频前端带宽 β_r 足够宽以接收所有 GNSS 信号功率时,式(4.6)可以近似为

$$\left(\frac{C}{N_0}\right)_{\text{eff}} = \frac{C}{N_0 + C_I\int_{-\infty}^{\infty} |H_R(f)|^2 G_I(f) G_s(f)\mathrm{d}f} \quad (4.7)$$

由于 $\int_{-\infty}^{+\infty} G_s(f)\mathrm{d}f = 1$,式(4.7)表明,只有干扰落入射频前端带宽范围内才会导致 C/N_0 衰减。

图4.1 给出了根据式(4.7)计算的 GPS L1 信号的有效 C/N_0 ,以及在存在窄带干扰(NB)(带宽 120kHz,远离中频载波频率 200kHz)和不同水平的干扰 – 信号功率比(C_I/C)情况下,通过 GNSS 软件接收机测量的 C/N_0 。黑色理论曲线与软件接收机测得的 C/N_0 吻合,因此证明式(4.7)是一个用于评估 GNSS 频带内窄带干扰影响的可靠模型。

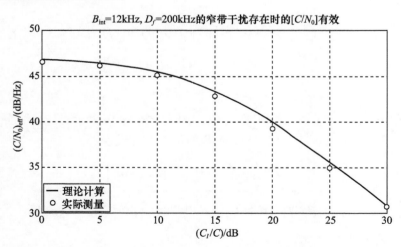

图4.1 在存在窄带干扰时,在不同的 C_I/C 功率比下,理论和实测的有效载噪比 C/N_0

式(4.7)是一个存在窄带干扰时 C/N_0 损失的通用模型。4.3 节将引入谱分离系数,在存在谱线干扰或脉冲干扰时,这一模型不能被认为是有效的。

理论脉冲消隐对 C/N_0 衰减的影响：脉冲干扰

在第 2 章中,介绍了几种脉冲干扰源。由于存在其他航空无线电导航服务(ARNS)系统,例如 DME 或军用 TACAN(使用 L5/E5 频段内的频率),因此带内脉冲干扰在航空场景中很典型。在这种情况下,最常见的干扰抑制算法是所谓的数字脉冲消隐。这种简单的对策是使用数字电路来抑制输入信号中超过确定的消隐阈值的部分。这种技术的优缺点将在第 6 章中进一步讨论。

尽管这种简单的策略可以消除强脉冲干扰,但消隐操作也会抑制有用信号,从而影响有效 C/N_0。在存在强脉冲干扰的情况下,脉冲消隐的影响已经在文献中被广泛地研究过。文献[3]首先提出了脉冲消隐接收机在脉冲干扰存在时有效 C/N_0 的一个非常笼统的表达式,然后在文献[4]中表示为

$$\left(\frac{C_s}{N_0}\right)_{\text{eff}} = \frac{C}{N_0} \frac{(1-\beta)}{1 + \frac{I_0}{N_0} + R_I} \tag{4.8}$$

式中:β 为消隐器占空比,是消隐器总的平均激活时间,它规定了被抑制信号在总接收信号中所占的百分比;分量 I_0 考虑了附加的未被消隐器完全抑制的非脉冲干扰的存在;分量 R_I 为消隐器之后干扰信号的残余功率与接收到的热噪声功率之间的总后相关比。强脉冲(峰值功率超过消隐阈值)和弱脉冲均会增加分量 R_I。例如,DME/TACAN 脉冲的典型高斯形状(见图 2.4)以及在脉冲持续时间内存在调制,会导致脉冲本身的某些样本低于消隐阈值。

在某些情况下,存在多个干扰源,从而迫使消隐器在较长时间内处于激活状态。通常,根据文献[4]和文献[5],R_I 可以定义为

$$R_I = \frac{1}{N_0 \cdot \beta} \cdot \sum_{i=1}^{N} P_i d_i \tag{4.9}$$

式中:N 为干扰源总个数;P_i 为第 i 个 RFI 脉冲信号源的接收峰值功率;d_i 为第 i 个没有任何脉冲碰撞的信号源的占空比。关于式(4.9)推导的更多细节见文献[5]。

关于消隐占空比 β,文献[6]中给出了存在多个 DME/TACAN 源的情况下的非常详细的理论推导,其中还考虑了可能的脉冲叠加。

4.3   谱分离系数

式(4.7)给出了存在窄带干扰的情况下 C/N_0 衰减的理论表达式。在这个表达式中,可以看出对 C/N_0 的影响还取决于接收到的 GNSS 信号频谱与干扰信

号频谱的重叠程度。事实上,分量

$$\kappa_I = \int_{-\infty}^{\infty} |H_R(f)|^2 \, G_I(f) \, G_s(f) \, \mathrm{d}f \qquad (4.10)$$

定义为谱分离系数(Spectral Separation Coefficient, SSC), SSC 提供了接收到的 GNSS 信号和干扰信号功率谱密度之间重叠的测量值, 这决定了 C/N_0 的衰减。实际上, 干扰分量与信号分量重叠的越多, C/N_0 的衰减就越大。

式(4.10)中定义的 SSC 考虑了信号的频谱重叠, 测量了由于干扰源造成的 C/N_0 衰减的上限。

文献[1]和文献[2]中定义的 SSC 考虑了信号功率谱密度的包络。然而, 由于 GNSS 信号几乎周期性的性质, 频谱中含有频率为码周期倒数的整数倍的频率成分。干扰源的影响还取决于干扰信号如何与此类分量重叠, 并且 SSC 值是一个上限。此外, 如果可以将信号和干扰建模为统计平稳和高斯分布, 则由 SSC 提供的估计是有效的。在存在 GNSS 信号的情况下, 如果使用长扩频码, 估计通常是正确的。基于该 SSC 公式的干扰分析不一定适用于谱线间隔较宽的短扩频码信号。

SSC 已被用于评估系统内和系统间的干扰, 即一个导航系统内不同卫星信号之间的干扰和一个或多个不同系统的信号之间的干扰[7]。在后一种情况下, 不同系统的 GNSS 信号之间也存在某种程度的码正交性, 从而进一步降低了实际的影响。

作为示例, 表 4.1 给出了 GNSS 中目前采用的不同调制方案之间相互干扰的 SSC 仿真值。

表 4.1　不同调制方案之间的 SSC 仿真值

	BPSK(1)	BPSK(10)	BOC(10,5)	BOC(1,1)	MBOC	$\mathrm{BOC_{cos}}(15,2.5)$
BPSK(1)	−61.9	−70.5	−86.5	−67.9	−68.3	−97.4
BPSK(10)		−71.9	−80.9	−70.6	−70.9	−85.0
BOC(10,5)			−73.1	−83.1	−82.8	−88.2
BOC(1,1)				−64.9	−65.3	−92.6
MBOC					−65.0	−92.4
$\mathrm{BOC_{cos}}(15,2.5)$						−70.6

最后, 还必须指出, SSC 这样的定义在 CWI 或脉冲干扰的情况下并不适用, 因为它们的频谱呈现线谱性质。

图 4.2 给出了 GPS L1 信号的 SSC 相对于干扰信号的带宽 B_i 以及干扰信号相对 GNSS 信号频率偏移量 $\Delta f_i = |f_i - f_{GNSS}|$ 的关系, 其中 f_i 是干扰信号的载波频率, f_{GNSS} 是所考虑的 GNSS 信号的载波频率。

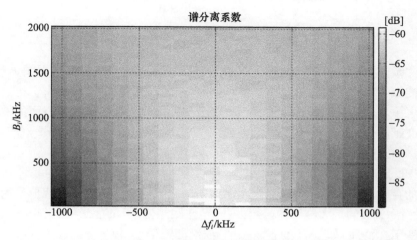

图 4.2　BPSK(1)信号 SSC 值相对于干扰带宽B_i和干扰相对于 GNSS 信号频率
偏移量 Δf_i的关系

正如预期的那样,当两个信号重叠时(较小的 Δf_i)SSC 最大,而当偏移量增大时 SSC 减小。还要注意的是,对于B_i取值较大的情况,所有考虑的频率偏移范围内,SSC 的值几乎相同。实际上,在这些情况下,干扰总是与 GNSS 频谱的主瓣重叠。

对于"伽利略"系统公开服务采用的 CBOC(6,1,1/11)调制,SSC 类似于功率谱密度的不同分布,因此在偏移约 1MHz 的频率处达到最大值。CBOC(6,1,1/11)的 SSC 情况如图 4.3 所示。

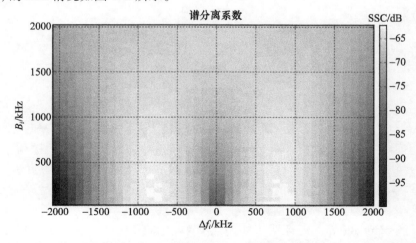

图 4.3　CBOC(6,1,1/11)信号 SSC 值相对于干扰带宽B_i和干扰相对于 GNSS 信号频率
偏移量 Δf_i的关系

4.4　干扰误差包络

文献[8]定义了一个功能强大的干扰评估工具,它不仅能够考虑频谱重叠,而且能够考虑对接收机的整体影响。如第 2 章所述,在某些情况下,干扰信号的功率电平不会完全阻塞接收机,但是,它会降低接收机在定位精度方面的性能。

文献[8]中提出的干扰误差包络(Interference Error Envelope,IEE)作为 SSC 的改进,在评估干扰影响时也能考虑接收机结构的影响。

IEE 是通过一种与评估多径影响类似的方法来定义的,其目的是评估由于干扰的存在对接收机的鉴别器产生的偏差。它被定义为相对于干扰信号的一个(或多个)参数的最大鉴别器函数失真(稳定跟踪偏差)的度量:相对于一个或多个可变干扰特性(如 CWI 的载波频率)绘制测距误差(以 m 表示)。

该偏差在理论上可以定义为

$$b_{\max}(f_i) = \alpha \frac{2}{NL} \int_{-\infty}^{\infty} |I(f)| |W(f)| |C(f)| \sin(\pi f \Delta) \, \mathrm{d}f \tag{4.11}$$

式中:$|I(f)|$ 为采样干扰信号的离散时间傅里叶变换(Discrete Time Fourier Transform,DTFT);$|W(f)|$ 为射频前端数字冲激响应模型的 DTFT;$|C(f)|$ 为采样测距码信号的 DTFT;NL 为积分时间内的样本总数,其中 L 为一个码周期内的样本数,N 为积分的码周期数。

参数 α 与无干扰鉴别器函数的斜率有关,即

$$\alpha = -\frac{cT_c\Delta}{2} \tag{4.12}$$

式中:c 为光速;T_c 为码片时间;Δ 为早迟相关器间距。

对于振幅为 A,载波频率为 f_i 的 CWI,式(4.11)简化为

$$b_{\max}^{\mathrm{CW}}(f_i) = \alpha \frac{2A}{NL} |W(f_i)| |C(f_i)| \sin(\pi f_i \Delta) \tag{4.13}$$

式中:$b_{\max}^{\mathrm{CW}}(f_i)$ 由三个主要成分组成,分别取决于码基本函数、码线谱和鉴别器间距 Δ。实际上,$C(f_i)$ 取决于调制(形成码片的基本脉冲)和特定的码序列。

图 4.4 绘制了频率偏移 $\Delta f_i = |f_i - f_{\mathrm{GNSS}}|$ 对 $b_{\max}(f_i)$ 不同部分的贡献,其中 f_{GNSS} 是所考虑的 GNSS 信号的载波频率。IEE 允许考虑接收机的模型以及 GNSS 信号形状的影响,并且可以预测 CWI 引起的偏差。

此外,Motella 等[8]还证明了如何从 CWI 获得的 IEE 开始推断出窄带干扰(NBI)或宽带干扰(WBI)情况下的偏差。由 WBI(或 NBI)引起的偏差可以通过对 CWI 的 IEE 进行滑动平均滤波来获得,例如

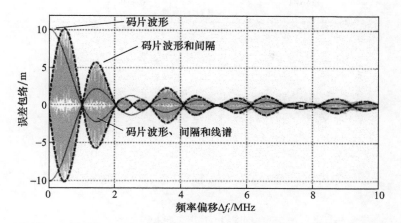

图 4.4 IEE 的理论贡献效应;$\Delta = 0.2$ 码片,BPSK(GPS L1,PRN 1)信号,
连续波干扰,连续波频率步长 $= 1\text{kHz}$,BW $= 30\text{MHz}$

$$b_{\max}^{\text{WB}}(f_i) \approx \frac{1}{M} \sum_{k=i-M/2}^{i+M/2} b_{\max}^{\text{CW}}(f_k) \tag{4.14}$$

式中:M 为 NBI 或 WBI 带宽所对应的 CWI IEE 的频率数。

因此,IEE 也是设计接收机的一个有用工具,因为它允许设计人员选择接收机设置,并且对工作环境中可能出现的相对于载波频率的特定频率偏移的干扰信号具有鲁棒性。

文献[8]给出了实际和仿真信号的几种情况,验证了 IEE 的理论推导。$b_{\max}(f_i)$ 是 IEE 值的包络,可以通过实际测量或仿真获得。图 4.5 中描述了 GNSS 中采用的不同调制方案的 CWI IEE 示例。

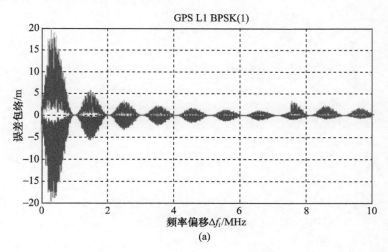

(a)

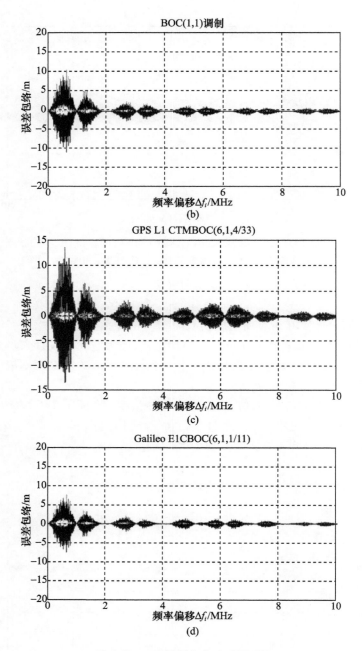

图 4.5　不同调制方案的 CWI IEE

（a）BPSK（1）；（b）BOC（1,1）；（c）TMBOC（6,1,4/33）；（d）CBOC（6,1,1/11）,Δ = 0.2 码片。

当使用 IEE 进行不同方案研究的比较时,由于图的走势不平滑,可能无法确定最佳方案。文献[8]建议使用干扰运动均值(Interference Running Average, IRA),定义为

$$\mathrm{IRA}(B) = \frac{1}{B} \sum_0^B \frac{\mathrm{IEE}_{\max}(f) + |\mathrm{IEE}_{\min}(f)|}{2} \mathrm{d}f \qquad (4.15)$$

这条曲线代表了干扰的潜在影响,描述了每个频率值 B 在带宽 $0 \sim B$ 累积的最坏情况误差的平均值。

在 $\Delta = 0.2$ 码片的情况下,不同调制方案的干扰运动均值曲线如图 4.6 所示。使用 IRA 表示,可以很容易地注意到干扰信号在哪个频率偏移 f_i 处影响最大。

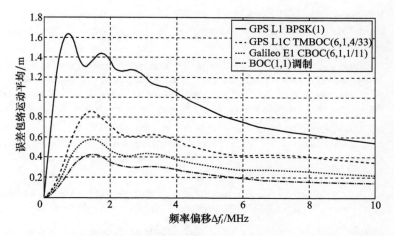

图 4.6 存在 CWI 时不同调制信号[BPSK(1)、BOC(1,1)、CBOC(6,1,1/11)、TMBOC(6,1,4/33)]的干扰运行均值比较,$\Delta = 0.2$ 码片

4.5 总结

在本章中,提供了用于评估干扰源对 GNSS 接收机性能影响的分析工具。在接收机的设计阶段,如果可以获得有关接收机预期工作环境的信息,则分析工具可能会很有用。例如,预期在 ARNS 频段工作并为航空应用量身打造的全球 GNSS 接收机就是这种情况,对于 DGN/TACAN 站而言,确实存在脉冲干扰。不幸的是,干扰是出乎意料的,并且在大多数情况下也是不可预测的。因此,接收机必须准备好检测干扰源的存在,并在某些情况下采用抑制策略。这些对策将是以下章节的主要议题。

4.6 参考文献

[1] Betz, J. W., "Effect of Narrowband Interference on GPS Code Tracking Accuracy," *Proc. 2000 National Technical Meeting of the Institute of Navigation*, Anaheim, CA, January 2000, pp. 16–27.

[2] Betz, J. W., "Effect of Partial-Band Interference on Receiver Estimation of $C/N0$: Theory," *Proc. 2001 National Technical Meeting of the Institute of Navigation*, Long Beach, CA, January 2001, pp. 817–828.

[3] Radio Technical Commission for Aeronautics, "Assessment of Radio Frequency Interference Relevant to the GNSS L5/E5a Frequency Band," Technical Report RTCA DO-292, 2004.

[4] Erlandson, R. J., et al., "Pulsed RFI Effects on Aviation Operation Using GPS L5," *Proc. 2004 National Technical Meeting of the Institute of Navigation*, San Diego, CA, January 26–28, 2004, pp. 1063–1076.

[5] Musumeci, L., J. Samson, and F. Dovis, "Performance Assessment of Pulse Blanking Mitigation in Presence of Multiple Distance Measuring Equipment/Tactical Air Navigation Interference on Global Navigation Satellite Systems Signals," *IET Radar, Sonar & Navigation*, IET, Vol. 8, No. 6, pp. 647–657, July, 2014. doi:10.1049/iet-rsn.2013.0198.

[6] Bastide, F., et al., "GPS L5 and GALILEO E5a/E5b Signal-to-Noise Density Ratio Degradation due to DME/TACAN Signals: Simulations and Theoretical Derivations," *Proc. 2004 National Technical Meeting of the Institute of Navigation*, San Diego, CA, January 26–28, 2004, pp. 1049–1062.

[7] Titus, L. B. M., et al., "Intersystem and Intrasystem Interference Analysis Methodology," *Proc. ION GPS/GNSS 2003*, Portland, OR, September 2003, pp. 2061–2069.

[8] Motella, B., et al., "Method for Assessing the Interference Impact on GNSS Receivers," *IEEE Trans. on Aerospace and Electronic Systems*, Vol. 47, No. 2, 2011, pp. 1416–1432.

第5章 干扰检测策略

Emanuela Falletti, Beatrice Motella

5.1 引言

使用常规硬件接收到的 GNSS 空间信号(Signal – in – Space, SIS)的功率非常低,这使得 GNSS 容易受到其他系统的干扰,这些系统的源都在地面,因此比 GNSS 卫星离接收机更近(远近效应)。

干扰攻击 GNSS 接收机正常功能的各种机制可以识别如下[1]:

(1)射频前端低噪声放大器、混频器和其他电路的饱和以及灵敏度降低;

(2)由于接收机无法产生完美的频率来下变频所需信号而引起的相互混频效应;

(3)互调产物;

(4)滤波后仍然存在的混叠进入接收机通带的带外发射;

(5)由于干扰系统的信号产生和滤波不完美而导致接收到的带内发射始终存在。

在此分类以及本章的其余部分中,都没有考虑对 SIS 结构的故意攻击,例如欺骗和监测机制,因为它们本质上无法被用于应对"非结构化"干扰信号的通用抗干扰技术检测到。

在其他情况下,射频干扰(RFI)检测技术旨在识别由于干扰信号干扰 GNSS 天线而导致的"偏离正常情况"(失真),以便及时发出警报或启动相应的干扰抑制技术。

由于 GNSS 信号的扩频特性,在某些情况下,窄带干扰虽然明显存在于接收信号频谱中,但不会影响 SIS 的正常处理[2]。例如,对于连续波(Continuous – Wave, CW)干扰,其载波频率落在两个 GPS C/A 码谱线之间,使得不期望的信号能够被相关处理完全滤除。相反,故意的干扰攻击或非常强的无意干扰可能会使射频前端的初始阶段完全饱和,从而阻碍任何 SIS 信号接收[3]。

在这两种临界情况之间,干扰的影响是极其不同的,并且可能包括干扰机部分地降低传统 GNSS 接收机链不同阶段的常规信号处理的情况,例如参考文献[4]中提出并在本书第 2 章中讨论的情况。尽管如此,可以通过将数字信号处理技术与 GNSS 接收机相结合,并充分设计接收机模拟前端(Front – End,FE),以减弱干扰的影响。

文献中已经提出了多种干扰检测技术。这些技术利用在接收机信号处理链的不同阶段获取的不同的接收机观测数据及其特定属性。有一类特殊的技术族是基于空间分集的,它通过对天线波束方向图进行适当的调整或整形来有效地处理干扰。这种方法需要具有数字或模拟控制能力的天线阵列(受控辐射方向图天线(Controlled Radiation Pattern Antenna,CRPA)),这超出了本书的范围。感兴趣的读者可以参阅参考文献[5,6]。

有鉴于此,接收机阶段的干扰检测技术大致分为以下几类:

(1) 通过 AGC 监测进行干扰检测;

(2) 通过时域统计分析进行干扰检测;

(3) 通过频谱监测进行干扰检测;

(4) 通过后相关统计分析进行干扰检测;

(5) 通过载噪比监测进行干扰检测;

(6) 通过伪距监测进行干扰检测;

(7) 通过 PVT 解算进行干扰检测。

注意,前 3 类技术是预相关技术,适用于任何解扩操作(与本地码相关)之前接收到的扩频信号。这一事实意味着预相关技术能够就无害干扰向接收机管理程序发出警告。另一方面,后相关技术(后 4 类)要求满足正常信号捕获和跟踪的前提条件,因此,在干扰功率较强的情况下效果较差。

图 5.1 显示了 GNSS 信号接收链的信号处理阶段的方案框图,其中突出显示了实施各种干扰检测技术所需的观测数据。以下各节概述了上面列出的每一类检测技术。

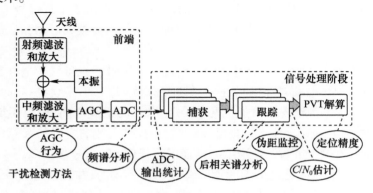

图 5.1　GNSS 信号处理模块的方案图,重点介绍了不同干扰检测方法的观测值

在讨论各种技术的细节之前,值得注意的是:有害干扰本质上是一种不可预测的事件,具有未知的开始时间、持续时间以及频谱成分。然而,一般来说,检测技术只能针对特定的干扰特性进行调整,通常是在对特定干扰类型的灵敏度和对所有可能的干扰类型的通用性之间进行权衡。各种技术的实现复杂性是另一个问题,仅限用于某些类型的接收机。由于这些原因,干扰检测必须混合使用多种技术,其总体复杂性和性能受到接收机设计分配给这些功能的处理能力的限制。

5.2　通过 AGC 监测进行干扰检测

现代 GNSS 接收机由模拟前端和用于 SIS 处理的数字部分组成(信号捕获和跟踪,数据解调和伪距计算,位置 – 速度 – 时间解算)。在模数转换器(Analog – to – Digital Converter,ADC)之前,自动增益控制(Automatic Gain Control,AGC)机制充当自适应可变增益放大器,其主要作用是在一定幅度概率密度分布(图 5.2)的假设下,通过将接收信号电平调整到 ADC 输入范围来最小化量化损失。对于有用信号功率低于热噪声水平的 GNSS 接收机,AGC 是由噪声环境驱动的,而不是信号功率。在存在强干扰信号(使量化过程饱和)的情况下,AGC 可以增加动态范围,降低其增益并限制信号饱和。AGC 对干扰的响应不是线性的,在很大程度上取决于其灵敏度和反应性的设计;它通常是模拟输入功率的分段常数函数,在设计时间间隔内取平均值。参考文献[7]非常有指导意义地讨论了 ADC 阈值(假设均匀量化)和输入信号功率(或方差)的量化损失函数。

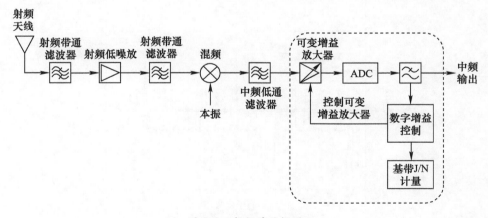

图 5.2　射频前端框图

图 5.2 中虚线框突出显示了具有数字反馈增益控制的 AGC/ADC 功能块。尽管可能有其他的实现方案,但是这个方案有一个数字实现,它使用 ADC 输出

采样来形成用于控制 AGC 增益的度量。

结果表明,监测 AGC 增益变化是一种有效的干扰检测手段[7-8]。实际上,在正常情况下,平均功率电平应具有缓慢变化的性质,因此可变增益应相对稳定并限制在已知的区间内(噪声和增益的变化由温度、电源、天线周围的环境变化等引起),因此,突然或强烈的变化就表明可能存在干扰。

控制 AGC 增益的典型方法是基于 ADC 输出的测量。在参考文献[9]中,给出了基于 ADC 输出功率估算 ADC 输入功率的理论分析。因此,AGC 控制可以通过将估计的 ADC 输出功率/方差输入比例积分(Proportional and Integral,PI)控制器或查找表来执行,这也是 GNSS 接收机中最常见的 AGC 实现方式[10]。

采用 AGC 监测技术来检测干扰信号,最近已用于在机场附近对 GPS L1/Galileo E1 频段进行测量[11]。在参考文献[4,12]中,该技术还被用于检测来自电视发射台的干扰。参考文献[4]使用低成本的 GNSS 前端和软件接收机,能够检测到 GPS L1 带宽内 DVB - T 站的三次谐波发射的影响。前端输出的信号频谱由于存在多个窄带和宽带干扰信号而失真。通过比较干扰信号功率与 AGC 增益的变化趋势,很容易观察到干扰的存在如何驱动自适应增益:当干扰存在时,AGC 避免了 ADC 饱和,降低了有用信号增益。图 5.3 显示了上述实验中所进行的 1min 可变增益测量值,而在受控无干扰环境中进行的 1min 测量值则相反;显然,由于干扰引起的功率波动迫使 AGC 不断调整 ADC 输入端的增益,而在没有干扰的情况下,增益保持恒定。

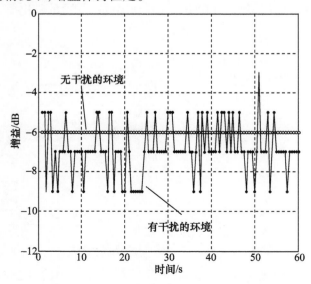

图 5.3 ADC 输入端自适应增益特性的实验

图 5.3 表明在无干扰的环境中,AGC 引入的增益始终保持恒定 − 6dB。自适应增益特性在干扰环境中发生变化;它不是常数,在 6dB 的范围内变化,平均增益比前一种情况低。

ADC 的作用

注意,ADC 是抗干扰前端的关键元件。面向消费类应用的典型商业 GNSS 接收机采用低比特数 ADC(通常为 1 ~ 3 个量化比特),但是当干扰通过模拟前端到达 AGC 输入时,这种配置很容易导致 SIS 信号量化损失。实际上,在存在强干扰的情况下,应用于 ADC 输入端信号的可变增益将会降低总输入功率,从而优化使用的输入动态范围;然而,对接收信号施加的强衰减也会大大降低 SIS 分量的幅度,使其低于 ADC 输出的最低有效位的分辨率,从而导致完全不可能在解扩之后恢复数字化 SIS 信号的内容。

因此,当期望接收机采用先进技术进行干扰检测和抑制时,一个好的做法是允许比信号捕获和跟踪阶段多于 2 ~ 3 个量化比特[7-13]。在正常(无干扰)条件下,应驱动可变信号增益,以避免使用这些"备用"比特位。仅当接收到干扰信号时才使用它们,以最小化 SIS 的量化损失。这种方法特别适用于与数字信号消隐相结合以抑制脉冲干扰的情况。关于这个话题更详细的讨论将在第 6 章中给出。

5.3　通过时域统计分析进行干扰检测

时变干扰可以通过应用基于观察 ADC 输出端信号样本分布的时间波动的统计分析技术来识别[7,14-16]。该技术基于以下事实:所要处理的数据(前端 ADC 输出的信号样本)可以建模为随机过程,其"统计特性"对干扰的存在非常敏感,可被监测用于检测目的。这类方法在经济学和生物学等学科中得到广泛应用,尽管很有前景,但是在 GNSS 领域应用的例子仍然很少。

由于干扰的频谱和统计特性未知,参考文献[15]和参考文献[16]提出并详细分析了一种非参数拟合优度(Goodness − of − Fit, GoF)检验方法,并将其与卡方检验相关联,以降低问题的维度[17]。

为了进行干扰检测,可以使用 ADC 输出的 IF 采样数据来建立检验统计量并做出决策。在干扰源存在的情况下,直方图的规则形状将被修改,从而使测量能够检测到这种失真。目标是基于对有限样本序列(ADC 输出端的信号样本)的测量来确定某个信号分量(干扰)的存在。这是一个典型的检测问题,可以用假设检验来表述,其中二元假设可以表示为

$$H_0(\text{RFI 不存在}): p_X(x) = p_Y(x)$$

$$H_1(\text{RFI 存在}): p_X(x) \neq p_Y(x)$$

式中: $p_Y(x)$ 和 $p_X(x)$ 为平稳随机过程(至少在观测的时间间隔内是平稳的,即 $0 \leqslant n < N$)的一阶概率密度函数(Probability Density Functions, PDF)。在例子中,随机过程 $X[n]$ 和 $Y[n]$ 分别表示存在干扰和不存在干扰时的接收信号(下变频和量化后的)。此外,由于 $Y[n]$ 受噪声控制,因此可以将其建模为零均值白高斯过程。卡方 GoF 检验的唯一要求是已知无干扰信号时(在验证 H_0 假设时)的过程分布,而不需要关于干扰特性的任何其他信息(在验证 H_1 假设时)。该方法的工作原理如下:

(1)在验证 H_0 假设时,必须评估 $X[n]$ 的离散 PDF。该方法采用一组测量值 $\boldsymbol{x}_m = \{x_m[0], x_m[1], \cdots, x_m[N-1]\}$ 以参考直方图 $\boldsymbol{E} = \{E_1, E_2, \cdots, E_k\}$ 的形式构建参考 PDF,其中 k 为频带数,$\boldsymbol{x}_m$ 可以看作是随机向量 $\boldsymbol{X} = \{X[0], X[1], \cdots, X[N-1]\}$ 的实例,其中 N 是观测数据的数量。

(2)该方法采用一组测量值 $\boldsymbol{x}_m = \{x_m[0], x_m[1], \cdots, x_m[N-1]\}$(可能存在干扰信号),并对每个频带的数值进行分组和计数,形成向量 $\boldsymbol{O} = \{O_1, O_2, \cdots, O_k\}$。此时,有两个直方图可用,即参考直方图 $\boldsymbol{E}$ 和观测直方图 $\boldsymbol{O}$,分别表示 $p_X(x)$ 和 $p_Y(x)$。

(3)该方法可评价检验统计量,即

$$T_\chi(\boldsymbol{x}_m) = \sum_{i=1}^{k} \frac{(O_i - E_i)^2}{E_i} \tag{5.1}$$

式中: $T_\chi(\boldsymbol{x}_m)$ 的值用于区分两个假设 H_0 和 H_1。当两个直方图(参考和观测)完美重合时,$T_\chi(\boldsymbol{x}_m) = 0$。直觉上,检验统计量的值越高,两个直方图的相似性就越小。必须设置适当的阈值才能在 H_0 和 H_1 之间做出判决。检验统计量 $T_\chi(\boldsymbol{x}_m)$ 可以看作是随机变量 $T_\chi(\boldsymbol{x})$ 的一个实例,并且可以证明,对于较大的 N,变量 $T_\chi(\boldsymbol{x})$ 近似为自由度为 $k-1$ 的 χ^2 分布。

(4)概率

$$p_m = P_r\{T_\chi(\boldsymbol{x}) > T_\chi(\boldsymbol{x}_m)\} \tag{5.2}$$

称为 p 值。若 $p_m \simeq 1$,则意味着 $T_\chi(\boldsymbol{x}_m) \simeq 0$,因此,两个直方图几乎相同。因此,可以通过固定阈值 p_α(称为显著性水平)来做出判决,即

$$p_m > p_\alpha : \text{接受} H_0 \text{假设}$$

$$p_m < p_\alpha : \text{拒绝} H_0 \text{假设}$$

有关该步骤的更多详细信息,请参见文献[16]。

参考文献[15]中的图 5.4 给出了一个示例,该示例检测了一个可变频率的

正弦信号,该信号以2.5s的间隔模式出现。很容易观察到,在时域或频域中识别干扰的存在是很不简单的,如图5.4(a)和(b)所示。相反,图5.4(c)显示卡方GoF检验曲线清楚地区分了存在和不存在干扰的情况,从而实现基于阈值的检测机制。

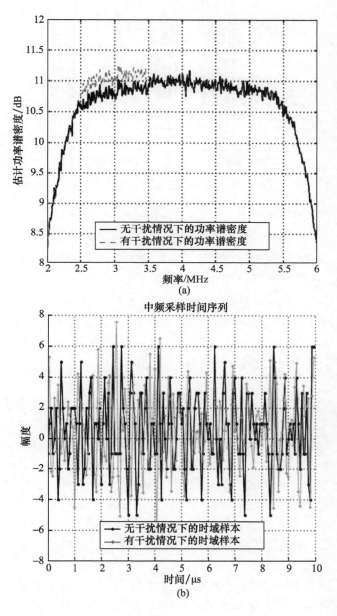

(a)

中频采样时间序列

(b)

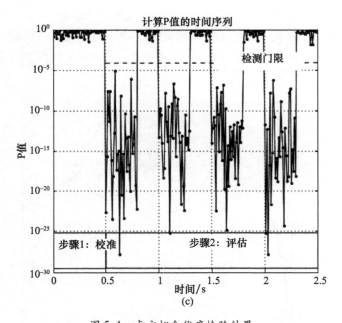

图 5.4　卡方拟合优度检验结果

(a)在存在和不存在干扰的情况下中频信号的频谱；(b)在存在和不存在干扰的情况下中频信号的时间样本；(c)卡方拟合优度检验的检测指标概况。

这种方法的主要优点是它适用于所有类型的干扰，并且所需的计算量是可负担的。此外，该方法还能够检测到功率电平非常低的干扰信号的存在。

5.4　通过频谱监测进行干扰检测

因为在正常情况下，接收到的 SIS 功率电平低于天线处的热噪声功率电平（假定在整个数字化带宽上为白噪声），所以接收信号的频谱估计预计将重新绘制前端的等效传递函数，乘以通过模拟前端的噪声方差。在对天线和射频前端设置进行适当的校准之后，可以假定无干扰时的预期频谱估计是已知的。实际上，平均接收功率的相对较小的变化可以预期作为天线周围的温度和环境变化的函数，并且在存在 AGC 的情况下，它们应该被进一步限制。

在这些情况下，可以通过频谱分析，即将接收信号的估计功率谱密度与适当表示名义上无干扰的频谱掩模进行比较，从而检测到功率电平超过噪声水平的干扰信号。

频谱监测自然与频域干扰抑制技术相关，例如频率切除[18]和时频切除[19-21]。它还可以用来驱动激活陷波器，以抑制窄带干扰。陷波器目前已在许多商业接收机中实现,关于陷波器的内容将在第 6 章中进行讨论。

基本谱估计可通过简单的归一化快速傅里叶变换(Fast Fourier Transform, FFT)或周期图方法(总之基于使用较短且加窗的 FFT 序列)来实现[22-23]。这种非参数频谱监测技术在概念上很容易实现,但其性能天生地受到一系列因素的限制[18,22-25]:①它们需要相对较长的观察窗口(几百毫秒的数量级)来产生具有较小估计方差的频谱估计;②周期图(无论使用哪种类型:样本,巴特利特,韦尔奇)都是有偏估计,它会引入与尖锐的谱峰和零点相对应的频谱泄漏;③它们在很大程度上基于 FFT,而 FFT 对资源有很高的要求,其复杂度相对于输入样本的数量而言是超线性的。

因此,考虑到必要的频率分辨率、数字化带宽和用于计算每个 FFT 的计算资源,必须仔细选择每个具体实现中使用的 FFT 算法的参数。实际上,FFT 长度与归一化到整个数字化带宽的频谱的频率分辨率直接相关。例如,对以 16MHz 采样率 f_s 采样的信号应用 4096 点 FFT($N_{FFT}=4096$),可提供的频率分辨率为 $f_s/N_{FFT} \approx 3.91 \mathrm{kHz}$,而相同的资源(以 FFT 点数计)应用于以 40MHz 采样率采样的信号,其频率分辨率将降低至 $f_s/N_{FFT} \approx 9.77 \mathrm{kHz}$,同时要求运行速度快 2.5 倍。

此外,信号观察窗的长度(根据所采用的周期图的类型,定义为 FFT 长度的一到几倍)是此类方法的时间分辨率的限制因素,即检测干扰事件开始和结束时刻的能力的限制因素。在事件检测能力方面,较大的观察窗口可带来更好的结果;但是,这会导致精度降低,从而无法及时定位相对较短的干扰事件。在这些情况下,必须考虑检测能力和检测可靠性之间的关键权衡[23]。

由于基于 FFT 的周期图不适用于不规则的短事件,因此在这些情况下,可以采用时频分析技术[26]。存在几种可供选择的分布(短时傅里叶分布、Wigner-Ville分布、Choi-Williams 分布等),但它们的性能通常取决于要检测的干扰类型[19,27]。这类技术的一个关键问题是二维搜索域(时间和频率),这需要承担非常大的计算量。

在二维小波变换的基础上,利用时间尺度分析技术定义了另一个二维搜索域。在 GNSS 干扰监测方面,这些技术正引起人们的关注[28-29]。本书的第 7 章专门介绍这些技术及其支持的抑制策略。

5.5　通过后相关统计分析进行干扰检测

危险的干扰类型是那些能够通过相关器泄漏以降低后相关测量值,最终导致 PVT 估计性能降低的干扰。因此,可以通过对相关器输出的信号应用适当的检测指标来识别不需要的干扰频谱成分。例如,研究人员[30-31]利用基于随机过程谐波分析原理的参数频谱分析在多相关引擎的输出中进行监测,来检测混合到 SIS 中的窄带干扰信号。其原理是,在一组相关器的输出处跨越一个或多个码片间隔的样本向量(即时相关),例如 $v[k]$,其中 k 是时间索引,可以使用参数谱估计器(例如 MUSIC 方法或其变体之一)进行谐波分析[32]。$v[k]$ 的样本协方差矩阵的最大特征值与观测到的 $v[k]$ 中存在的强谐波分量有关,因此可以用于检测影响相关器输出[31]的窄带干扰,并最终驱动激活一个合适的陷波器。

图 5.5 显示了一个用软件接收机获得的多相关器输出的例子[33],相关器间隔 $\delta_{MC} = 4$ 个样本,即 $4/f_s$ s,前端的采样频率 $f_s = 13\text{MHz}$。

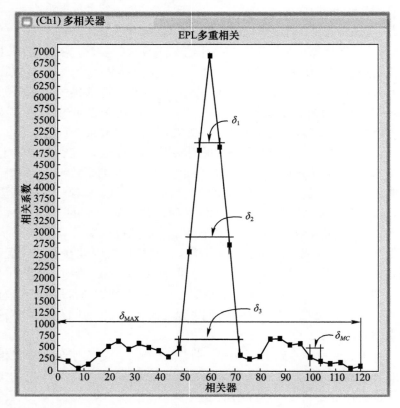

图 5.5 多相关器的输出,由一组 15 对早迟相关器和 1 个即时相关器组成

多相关器间距 δ_{MC} 决定了在中频附近的信号频谱$(-F_{\text{MAX}}, F_{\text{MAX}})$中可检测的干扰频率范围,即

$$F_{\text{MAX}} = \frac{1}{2} \frac{1}{\delta_{MC}} = \frac{f_s}{8} \approx 1.6\text{MHz}$$

这足以检测到落入 E1/L1 信号的主瓣内的干扰谱线。

图 5.6 所示为无干扰和连续波干扰情况下,在载波干扰功率比 $C/I = -20\text{dB}$ 时,对 $v[k]$ 的样本协方差矩阵进行特征分解提取的特征值。当干扰存在时,特征值的幅度比无干扰情况下大 2 个数量级。

谐波分析之后的多相关器组的计算复杂度,可由估计 $v[k]$ 中谐波分量的精度来补偿。众所周知,它可以克服非参数频谱分析的精度[32]。

值得注意的是,如参考文献[15]中所证明的,由于干扰分量导致的相关器输出衰减也可以通过时域统计分析来识别。

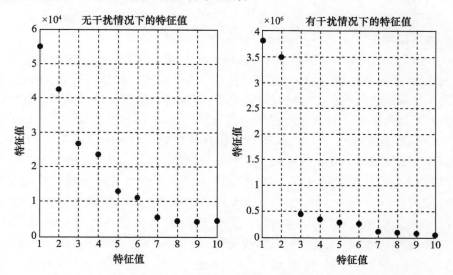

图 5.6　无干扰时(左)和有 CW 干扰时(右) $v[k]$ 的协方差矩阵特征值。
注意这两个图的比例不同

5.6　通过载噪比监控进行干扰检测

能够感知信号跟踪质量下降的参数是跟踪每个卫星的估计载噪比。它是 SIS 相关的功率与天线处噪声的功率谱密度之间的估计比值。受损的码/载波跟踪决定了接收机计算的 C/N_0 水平的降低,因为它通常基于后相关观测值[34-35]。实际上,接收机的普遍做法是基于较低的估计 C/N_0 表明跟踪质量低的事实,从用于 PVT 估计(导航中的卫星)的卫星集合中剔除那些 C/N_0 低于特定阈值(例如,30dB - Hz)的卫星。

C/N_0 衰减可能由多种因素引起,例如 SIS 的非视距(Non - Line - of - Sight,

NLOS)传播、SIS 的临时中断、显著的多径衰落效应、载波跟踪环路未完全跟踪强多普勒速率、定向天线在低仰角的增益,以及干扰的存在。在最简单的情况下,C/N_0 的逐渐降低表明卫星将消失在地平线以下,对于这种情况,低仰角增加了阻塞、NLOS 和衰落传播的概率。

虽然仅通过 C/N_0 的观察无法区分衰减的来源,但它是特定卫星信号发生临界情况的有力指标。

因此,虽然 C/N_0 观测不是一种独立的检测方法,但它可以用来评估干扰对卫星信号跟踪质量的影响。

以下示例尝试说明 CW 干扰对两个 GPS C/A 信号的影响,其特征是两个不同的伪随机噪声(Pseudo – Random Noise,PRN)码。

众所周知,GPS C/A 码集基于 Gold 码特性,重复周期 1ms。这种周期码具有间隔为 1kHz 的线谱。由于数据调制的存在,每条谱线都与速率为 50Hz 的数据的窄带频谱进行卷积。针对特定的码字,有些谱线比其他谱线更强。这意味着 CW 干扰可能与强 C/A 码频谱成分混合并通过相关器泄漏,从而降低相关质量。C/N_0 测量值显示出下降,从而证明了这种退化。对于给定的干扰功率,衰减程度主要取决于与受干扰的码分量相关的功率。以下给出了一个基于软件接收机的 C/N_0 估计的简单实验[33]。该实验比较了由两个 CW 干扰信号引起的 C/N_0 衰减,这两个干扰信号与 GPS C/A PRN 5 码的最强和次强分量相匹配,并已经考虑了两组数据收集。在这两种情况下,干扰在码谱线周围 ±500Hz 范围内扫描:第一种情况,在最强的码谱线周围(位于 L1 + 23kHz 处);第二种情况,在第二强码谱线的周围(位于 L1 + 199kHz 处)。干扰功率恒定为 -85dBm,叠加到以 -92dBm 接收的 SIS 上。图 5.7 给出了这种测试设置下的频谱图。

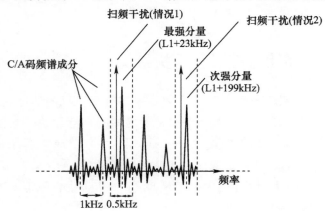

图 5.7 C/A 码分量和扫频 CW 干扰的频谱表示

结果如图 5.8 所示,图中给出了两个测试用例的 C/N_0 估计值,并与无干扰信号处理(实线)的情况进行了比较。在第一个测试用例(虚线)中,CW 干扰谱线在最强的码谱线 L1 + 23kHz 附近从 − 500 ~ + 500Hz 扫描;当干扰谱线"远离"码分量时(即在数据收集的开始和结束时),相对于无干扰 C/N_0 估计的衰减约为 11dB,并且当干扰谱线与码分量匹配时,在数据收集的中间下降超过 26dB。该下降对应于主码谱线周围 ± 100Hz 的频率间隔。另一方面,第二个测试用例考虑 CW 信号扫过第二强的码谱线:此时 C/N_0 呈现几乎恒定的 9dB 衰减,与干扰信号的实际频谱位置无关。

可以表明两个事实:

(1)由于 C/A 码信号结构,CW 可能是非常有害的干扰源。

(2)这种危害性与 CW 载波频率和码的最强频谱分量之间的相对位置密切相关。

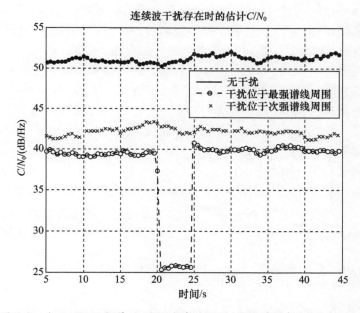

图 5.8　由于 CW 干扰导致 C/N_0 衰减的示例:干扰谱线在 20 ~ 25s 之间扫过码线周围 200Hz 的带宽

5.7　通过伪距监控进行干扰检测

决定 C/N_0 测量电平的相关器输出的质量,取决于 SIS 和本地复制信号之间的同步精度。这种同步精度也直接决定了卫星到接收机伪距测量的精度。

作为一个明显的结果,任何影响信号跟踪环路的缺陷,包括干扰,都会影响伪距估计。因此,与 C/N_0 监测的情况一样,对伪距测量的趋势的观察可以带来关于其可靠性的信息,以及可能存在的干扰,这些干扰会损害 SIS 准确接收和伪距估计。这种干扰可能是干扰信号,但也可能是任何有害的传播条件。

在双频接收机的情况下,用伪距监测来检测干扰攻击是非常有效的,通过对同一颗卫星在两个频率上的伪距测量进行简单的一致性控制,就可以检测到与频率相关的异常。尽管如此,由于可能发生除干扰以外的与频率有关的异常(例如电离层效应),通过伪距一致性控制来识别异常源并非易事。

5.8 通过 PVT 解算监控进行干扰检测

干扰信号可能会对估计的 PVT 产生误差,PVT 的准确性和可靠性是 GNSS 接收机的最终目标。与 C/N_0 估计和伪距测量一样,可能影响 PVT 精度的因素是多种多样的(非视距或阻塞 SIS 传播、多径的存在、意外的动态、干扰、较差的卫星几何构形等),因此,它不能作为一个独立的指标来检测干扰的存在。尽管如此,在受控环境中,PVT 解算精度的测量是评估整个接收链路中信号衰减影响的最终衡量标准。例如,在受控条件下,干扰是唯一可能威胁信号的因素(例如,实验室环境或干扰监测站),那么 PVT 精度测量可按以下方式使用:

（1）评估某些干扰源的影响;

（2）测试特定抑制技术的性能;

（3）通过验证在接收链路早期阶段实施的检测程序所发出的警告,合作识别有害干扰的存在,并激活相应的抑制技术(特别是在干扰监测站的情况下)。

参考文献[36]中报告了一个用位置误差监测来评估干扰影响的例子。

5.9 总结

GNSS 接收机干扰检测是一个复杂的领域,在这种情况下,目标和技术并不总是相同的。首先,只有采用多种不同的技术,才能切实实现干扰检测(甚至抑制)。设计一种"干扰告警"机制,该机制能够整合来自不同检测方法的输入检测信息,并能够对已发现存在的东西(和预期危害)做出统一和确认的决定。根据这一决定,将启动适当的抑制机制或干扰告警。

当然,这种"干扰告警"机制的灵敏度和可靠性是接收机能够分配的复杂度的直接函数。因此,接收机的目标应用部分是一个基本方面。例如,期望大众市场接收机能够分配最少量的干扰监测技术(如果有的话),该干扰监测技术专门针对最常见和最易于处理的干扰类型。另一方面,专业的、生命安全的和军事的接收机期望分配越来越多的干扰监测能力。除此之外,为 GNSS 信号质量监测站设计的高端接收机必须具备最强大和最灵敏的干扰检测能力,并能够在检测到干扰后立即发出和发送警报。

最后,和往常一样,接收机的目标应用/细分市场是选择需要加载的干扰检测/抑制技术集的驱动因素。

5.10　参考文献

[1]　Hegarty, C. J., Bobyn, D., Grabowski, J., and Van Dierendonck, A. J., "An Overview of the Effects of Out-of-Band Interference on GNSS Receivers," Proceedings of the 24th International Technical Meeting of The Satellite Division of the Institute of Navigation (ION GNSS 2011), Portland, OR, September 2011, pp. 1941–1956.

[2]　Motella, B., et al., "Method for Assessing the Interference Impact on GNSS Receivers," IEEE Trans. on Aerospace and Electronic Systems, Vol. 47, 2011, pp. 1416–1432.

[3]　Grant, A., et al., "GPS Jamming and the Impact on Maritime Navigation," J. of Navigation, No. 62, 2009, pp. 173–187.

[4]　Motella, B., M. Pini, and F. Dovis, "Investigation on the Effect of Strong Out-of-Band Signals on Global Navigation Satellite Systems Receivers," GPS Solutions, Vol. 12, No. 2, March 2008, pp. 77–86, doi:10.1007/s10291-007-0085-5

[5]　De Lorenzo, D. S., et al., "Testing of Adaptive Beamsteering for Interference Rejection in GNSS Receivers" Proc. ENC 2007, Geneva, Switzerland, pp. 1277–1287.

[6]　Gupta, I. J., et al., "Non-Planar Adaptive Antenna Arrays for GPS Receivers," IEEE Antennas and Propagation Magazine, Vol. 52, No. 5, October 2010, pp. 35–51.

[7]　Bastide, F., et al., "Automatic Gain Control (AGC) as an Interference Assessment Tool," Proc. ION GPS 2003, Portland, OR, 2003, pp. 2042–2053.

[8]　Ward, P. W., "Simple Techniques for RFI Situational Awareness and Characterization in GNSS Receivers," Proc. 2008 National Technical Meeting of the Institute of Navigation, San Diego, CA, January 2008, pp. 154–163.

[9]　Cho, K. M., "Optimum Gain Control for A/D Conversion Using Digitized I/Q Data in Quadrature Sampling," IEEE Trans. on Aerospace and Electronic Systems, Vol.27, No.1, January 1991, pp. 178–181. doi:10.1109/7.68164

[10]　Lotz, T., Adaptive Analog-to-Digital Conversion and Pre-Correlation Interference Mitigation Techniques in a GNSS Receiver, Master's thesis, Technical University of Kaiserslautern, 2008.

[11]　Izos, O., et al., "Assessment of GPS L1/Galileo E1 Interference Monitoring System for the Airport Environment," Proc. ION GNSS 2011 Conf., Portland, OR, September

19–23, 2011, pp. 1920–1930.

[12] Balaei, A., A. Dempster, and B. Motella, "GPS Interference Detected in Sydney-Australia," *Proc. Int. Global Navigation Satellite Systems, IGNSS Symp. 2007*, Sydney, Australia, December 4–6, 2007.

[13] Grabowsky, J., and C. Hegarty, "Characterization of L5 Receiver Performance Using Digital Pulse Blanking," *Proc. Institute of Navigation GPS meeting (ION GPS)*, Portland, OR, September 2002, pp. 1630–1635.

[14] Marti, L, and F. van Graas, "Interference Detection by Means of the Software Defined Radio," *Proc. ION GNSS 17th Int. Meeting of the Satellite Division*, Long Beach, CA, September 2004, pp. 99–109.

[15] Motella, B., and L. Lo Presti, "Methods of Goodness of Fit for GNSS Interference Detection," *IEEE Trans. on Aerospace and Electronic Systems, IEEE Transactions on Aerospace and Electronic Systems*, Vol. 50, No. 3, July 2014, pp. 1690–1700.

[16] Motella, B., M. Pini, and L. Lo Presti, "GNSS Interference Detector Based on Chi-Square Goodness-of-fit Test," presented at 6th ESA Workshop on Satellite Navigation Technologies (NAVITEC 2012), December 2012.

[17] Pestman, W. R., *Mathematical Statistics*, 2nd ed., Berlin: deGruyter, 2009.

[18] Motella, B., and L. Lo Presti, "Pulsed Signal Interference Monitoring in GNSS Application," *Proc. ENC GNSS 2006 Conf.*, 2006, Manchester, UK.

[19] Savasta, S., "GNSS Localization Techniques in Interfered Environments," Ph.D. Dissertation, Politecnico di Torino, January 2010.

[20] Ouyang, X., and M. G. Amin, "Short-Time Fourier Transform Receiver for Nonstationary Interference Excision in Direct Sequence Spread Spectrum Communications," *IEEE Trans. on Signal Processing*, Vol. 49, No. 4, April 2001, pp. 851–863. doi:10.1109/78.912929

[21] Lach, S., R., M. G. Amin, and A. R. Lindsey, "Broadband Interference Excision for Software-Radio Spread-Spectrum Communications Using Time-Frequency Distribution Synthesis," *IEEE J. on Selected Areas in Communications*, Vol. 17, No. 4, April 1999, pp. 704–714. doi:10.1109/49.761046

[22] Kay, S., *Modern Spectral Estimation: Theory and Application*, Upper Saddle River, NJ: Prentice Hall, 1988.

[23] Tani, A., and R. Fantacci, "Performance Evaluation of a Precorrelation Interference Detection Algorithm for the GNSS Based on Nonparametrical Spectral Estimation," *IEEE Systems J.*, Vol. 2, No. 1, March 2008, pp. 20–26. doi:10.1109/JSYST.2007.914772

[24] Balaei, A. T., and A. G. Dempster, "A Statistical Inference Technique for GPS Interference Detection," IEEE Transaction on Aerospace and Electronic systems, Vol. 45, No. 3, July 2009.

[25] Zhang, J., and E. Lohan, "Effect and Mitigation of Narrowband Interference on Galileo E1 Signal Acquisition and Tracking Accuracy," *Proc. 2011 Int. Conf. on*

Localization and GNSS (ICL-GNSS), June 29–30, 2011, pp. 36–41. doi:10.1109/ICL-GNSS.2011.5955262

[26]   Cohen, L., *Time-Frequency Analysis*, Upper Saddle River, NJ: Prentice-Hall, 1995.

[27]   Borio, D., et al., "Time-Frequency Excision for GNSS Applications," *IEEE Systems J.*, Vol. 2, No. 1, March 2008, pp. 27–37. doi:10.1109/JSYST.2007.914914

[28]   Paonni, M., et al., "Wavelets and Notch Filtering. Innovative Techniques for Mitigating RF Interference," *Inside GNSS*, January–February 2011, pp. 54–62.

[29]   Musumeci, L., and F. Dovis, "Use of the Wavelet Transform for Interference Detection and Mitigation in Global Navigation Satellite Systems," *Int. J. of Navigation and Observation*, Vol. 2014, 2014. doi:10.1155/2014/262186.

[30]   Bastide, F., E. Chatre, and C. Macabiau, "GPS Interference Detection and Identification Using Multicorrelator Receivers," *Proc. 14th Int. Technical Meeting of the Satellite Division of the Institute of Navigation (ION GPS 2001)*, Salt Lake City, UT, September 2001, pp. 872–881.

[31]   Linty, N., et al., "Dispositivo di Rilevazione di un Segnale Interferente per un Sistema Globale di Navigazione Satellitare," European patent pending, May 2013.

[32]   Manolakis, D., V. Ingle, and S. Kogon, *Statistical and Adaptive Signal Processing*, New York: McGraw Hill, 2005.

[33]   Fantino, M., A. Molino, and M. Nicola, "N-GENE GNSS Receiver: Benefits of Software Radio in Navigation," *Proc. European Navigation Conference (ENC 2009)*, Napoli, Italy, May 3–6, 2009.

[34]   Groves, P. D., "GPS Signal to Noise Measurement in Weak Signal and High Interference Environments," *Proc. 18th Int. Technical Meeting of the Satellite Division of the Institute of Navigation (ION GNSS 2005)*, Long Beach, CA, September 2005, pp. 643–658.

[35]   Falletti, E., M. Pini, and L. Lo Presti, "Low Complexity Carrier-to-Noise Ratio Estimators for GNSS Digital Receivers," *IEEE Trans. on Aerospace and Electronic Systems*, Vol. 47, No. 1, January 2011, pp. 420–437. doi:10.1109/TAES.2011.5705684

[36]   Balaei, A. T., et al., "Mutual Effects of Satellite Quality and Satellite Geometry on Positioning Quality," *Proc. ION GNSS 2007 Conf.*, Fort Worth, TX, September 2007.

第6章 GNSS 干扰的经典数字信号处理对策

Luciano Musumeci, Fabio Dovis

6.1 频域技术

研究人员提出了大量的数字信号处理技术来处理 GNSS 带宽内的射频干扰。从一般的观点来看,可以根据实现干扰抑制处理的域来对这些技术进行分类。因此,可以将这些技术分为以下几类:

(1)频域技术。根据接收到的被干扰 GNSS 信号的频谱特性,在频域内进行干扰抑制。

(2)时域技术。根据接收信号的特性,通过修改一些接收机参数以减轻干扰对后续阶段的影响,或者通过"选通"信号本身以切断那些被认为受干扰影响的信号部分。

(3)时空域技术。基于空间滤波原理,在干扰信号到达方向引入衰减。该技术通常需要复杂的硬件配置,因为一般使用的是天线阵列。

在频域抑制干扰的方法是非常明显的。任何抑制技术都应该能够在滤除干扰信号中的谐波成分的同时,尽可能保留原始 GNSS 信号的频谱。如果干扰信号占据频谱的有限部分,即可被分类为窄带干扰(Narrowband Interference,NBI)或连续波干扰(Continuous – Wave Interference,CWI),那么该方法是有效的。

然而,干扰信号可能会随时间改变其频谱特性,因此需要抑制单元的灵活性以适应实际的干扰场景。低成本商用干扰器可能会出现这种情况,这些干扰器旨在干扰更广泛的频谱,通过对窄带信号进行频率调制,以便在一段时间内跨越更大的频率范围。

因此,下面的章节将介绍两种常用的技术,即频域自适应滤波(Frequency – Domain Adaptive Filtering,FDAF)和陷波滤波,重点讨论它们适应干扰信号瞬时频谱变化的能力。

通常,在脉冲干扰的情况下,频域技术的效果较差,这是因为脉冲干扰信号只在有限的时间内存在,通常在频谱估计阶段没有干扰信号,而频谱估计是通过在有限时间窗口内观察信号并平均信号特性来实现的。

6.1.1　频域自适应滤波

频域自适应滤波是一种基于对 ADC 采样输出信号的频谱特征估计的干扰检测和抑制技术。频谱估计是通过在预定义的样本数 N（观测窗口）上进行快速傅里叶变换（Fast Fourier Transform，FFT）获得的。图 6.1 显示了 FDAF 的功能方案。

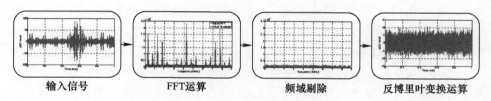

输入信号　　　　FFT运算　　　　频域剔除　　　　反博里叶变换运算

图 6.1　FDAF 功能方案

将信号的傅里叶表示的每个点的幅度与根据预期接收信号功率和无干扰环境下噪底的估计值确定的阈值进行比较。

由于整个 GNSS 信号在热噪声电平以下，因此，理想情况下，FFT 表示应该几乎是平坦的。如果输入信号的傅里叶变换的某些点超过阈值，则认为它们受到干扰并置为零。最后，对经处理的信号执行逆 FFT，以便获得时域信号。

这种技术的有效性与用离散傅里叶变换（Discrete Fourier Transform，DFT）估计随机过程的频谱的能力密切相关，因此必须使用 DFT 参数选择的典型标准。基于 DFT 的谱估计理论的完整描述见参考文献[1]。在频域中，影响该技术性能的主要参数是所采用的采样频率 f_s 和用于计算傅里叶变换的点数 N_D。实际上，可以基于输入信号 $x[0]\cdots x[N-1]$ 的 N 个采样的集合来估计采样随机过程的频谱。根据巴特利特过程，将该数据流分为 N_{seg} 段，每段有 N_D 个样本。计算每段 $x^{(p)}[n]$，$p=1,\cdots,N_{\mathrm{seg}}$ 的采样频谱 $S_x^{(p)}(f)$，并将均值作为估计频谱，即

$$S_x(f) = \frac{1}{N_{\mathrm{seg}}}\sum_{p=0}^{N_{\mathrm{seg}}-1} S_x^{(p)}(f) \tag{6.1}$$

频谱的分辨率 Δf 由 $\Delta f = f_s/N_D(\mathrm{Hz})$ 确定。如果 FFT 分辨率 Δf 相对于干扰信号的频谱特性太大，则无法成功检测到干扰频率成分。此外，用巴特利特方法计算的功率谱估计器的方差与分段数成反比，即

$$\mathrm{var}\{S_x(f)\} = \frac{S_x^2(f)}{N_{\mathrm{seg}}} \tag{6.2}$$

由此可见，估计的质量随着 N_{seg} 的增大而提高。因此，对于固定值 $N = N_D \cdot N_{\mathrm{seg}}$，必须在高分辨率（$N_D$ 尽可能大）和低方差（N_{seg} 尽可能大）之间找到

一个平衡点。

由于存在长度为N_D的矩形窗口,其隐含在有限样本数的选择中,平均周期图是对功率谱的有偏估计。

可以使用不同类型的窗口对样本进行加权,以减轻边缘效应并限制偏差。但是,偏差不能被完全消除,必须将其考虑在内[1]。

图 6.2 显示了一个接收到的 GPS C/A 码在接近 4MHz 中频的带内 CWI 影响下,通过 Bartlett 周期图进行频谱估计的结果。注意,在给定输入信号的固定样本数 N 的情况下,N_D和N_{seg}的选择是在估计偏差和方差之间进行权衡的结果。这样的选择对 CWI 检测能力的影响是很明显的。选择$N_{\mathrm{seg}}=1$虽然可以提供最佳分辨率,但是对频谱的噪声估计可能会掩盖干扰的存在。增加N_{seg}可以更好地识别 CWI,直到窗口的偏置效果占主导地位,但这可能导致 FDAF 去除太多的频谱值。

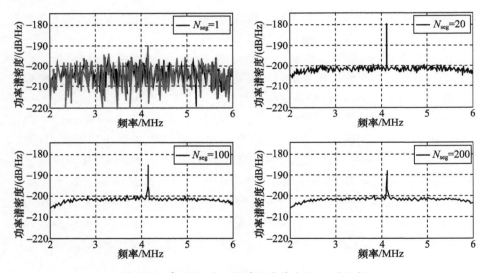

图 6.2   基于 Bartlett 的谱估计作为 Nseg 的函数

很明显,最佳参数的选择需要了解干扰信号的性质。对于 NBI 或 CWI,频率分辨率可能与良好的检测性能有关。无论是用有限数量的N_{seg}对频谱进行粗略估计,还是N_{seg}的值过大增强偏置效应,都会导致多个错误告警,并过滤掉过多的频率分量。

尽管增加 FFT 点数N_D可以提高 FFT 的频率分辨率,但也会给 FFT 带来更高的计算负担。因此,N_D的取值也必须在干扰检测能力和实现复杂度之间进行权衡。

在时变场景中,该技术的性能和对非平稳干扰的"自适应"能力也要根据频谱估计的更新速率进行权衡,即基于观察窗的总长度 N 和 FFT 计算所需的时间。

ADC 阶段和自动增益控制(AGC)模块也对 FDAF 性能有影响。中频信号的量化过程会导致较小的信噪比(SNR)损失,这取决于系数 $k = L/\sigma$,其中 L 是最大量化电平,σ 是量化器输入处的信号标准偏差。因此,根据所采用的量化比特数,必须确定提供最小 SNR 损失的最佳比率 k。假设仅存在高斯噪声,则干扰信号的存在也会对 AGC 增益调整过程产生负面影响。这主要是由于以下事实:在存在干扰信号的情况下,驱动 AGC 增益的 ADC 输出不再是高斯分布。为了解决这个问题,参考文献[2]提出了一种方案,其中 AGC 增益由 FDAF 算法输出驱动。

即使 FDAF 被证明对 NBI 和 CWI 滤除是有效的,在文献[2]中它也被用于对抗脉冲干扰。在这种情况下,目标是消除脉冲干扰在接收信号的频谱中产生的尖峰。结果表明,相对于时域中消隐器所实现的性能,FDAF 算法在抑制脉冲干扰方面的性能更好。然而,只有当采用大量的 FFT 点时,才能获得一致的增益(相对于脉冲消隐而言,超过 2.5dB),因此算法的实现非常复杂。

6.1.2　陷波滤波

陷波滤波已被证明是在频域中表现为尖峰的纯正弦波这类干扰信号的有效抑制算法。这类干扰信号是由工作在非线性区的功率放大器或许多电子设备中的振荡器产生的杂散信号,通常是由电视发射机、VOR 和 ILS 电台产生的。

由于 CWI 对 GNSS 接收机的相关过程有很大的影响,因此可以认为它对 GNSS 接收机的捕获和跟踪阶段的操作是有害的。在参考文献[3]中,分析了 CWI 对 GNSS 接收机捕获阶段的影响,给出了检测概率下降的详细理论推导;在文献[4]中,提出了两种方法用于评估 CWI 在跟踪阶段的影响,这两种方法是干扰误差包络(IEE)和干扰运行平均(IRA)。陷波器通常具有通带频率响应的特征,其具有与 CWI 载波频率的抑制频谱对应的非常窄的部分,从而提供干扰信号的衰减并尽可能多地保留有用的 GNSS 信号频谱分量。图 6.3 给出了一个陷波器频率响应的例子。

陷波器最常见的实现方式是通过无限脉冲响应(Infinite Impulse Response, IIR)数字滤波器。因果 IIR 滤波器可以用一般差分方程来表示,其中给定时刻的输出信号是前一个时刻输入和输出信号样本的线性组合,即

$$y[n] = -\sum_{m=1}^{N} a_m y[n-m] + \sum_{m=0}^{m} b_m x[n-m] \qquad (6.3)$$

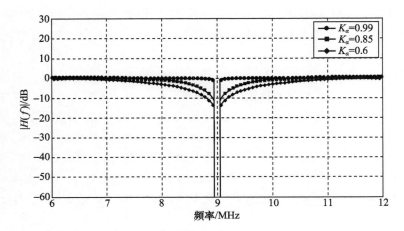

图 6.3　陷波器频率响应

因此,在 Z 变换域中,IIR 滤波器响应变为

$$H[z] = \frac{b_0 + b_1 z^{-1} + \cdots + b_m z^{-m}}{1 + a_1 z^{-1} + \cdots + a_m z^{-m}} \tag{6.4}$$

一个实 CWI 有两条谱线,分别对应于频率 f_i 和 $-f_i$。因此,在参考文献[5]中,提出了一种用于抑制 CWI 的双极陷波器,其传递函数为

$$H[z] = \frac{1 - 2\mathcal{R}\{z_0\}z^{-1} + |z_0|^2 z^{-2}}{1 - 2k_\alpha \mathcal{R}\{z_0\}z^{-1} + k_\alpha^2 |z_0|^2 z^{-2}} \tag{6.5}$$

式中,z_0 与干扰频率 $z_0 = \beta\exp\{j2\pi f_i\}$ 相对应。参数 $0 < k_\alpha < 1$,即极点收缩因子,决定陷波器的宽度。k_α 越接近 1,陷波器越窄,这反过来意味着有用 GNSS 信号失真的减少。然而,出于稳定性的原因,不能任意地选择 k_α 接近于 1,因此必须找到一种折中方案。

可根据经验将与因子 k_α 相关联的陷波器的 3dB 衰减带宽 B_{3dB_Hz} 的近似表达式设置为

$$B_{3dB\_Hz} \approx \frac{(1 - k_\alpha)\pi}{10} \cdot f_s \tag{6.6}$$

在存在多个 CWI 的情况下,可以使用基于多个双极陷波器级联的多极陷波器。在这种情况下,第一个两极陷波器可减轻最强的干扰信号,而其他滤波器则可以消除逐渐降低功率的残留正弦波。

6.1.3　自适应陷波器

由于干扰信号的载波频率是一个未知参数,参考文献[5]中还提出了一种将双极陷波器与自适应单元相结合的方法,该自适应单元负责 CWI 载波频率估计。图6.4 给出了与自适应单元相结合的两极陷波器的基本结构。

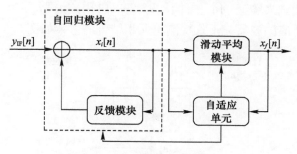

图 6.4　陷波滤波器结构

将式(6.4)中表示的滤波器传递函数的分子定义为两极陷波器的滑动平均(Moving Average, MA)模块,而式(6.4)中的分母表示自回归(AutoRegressive, AR)模块,引入 AR 模块是为了补偿 MA 部分的影响。在这种结构中,用于确定干扰接收到的 GNSS 信号的 CWI 频率分量的检测算法是基于消除对滤波器零点在复平面中的位置约束,并通过自适应单元调整其幅度。通过该算法,陷波器能够检测到干扰信号的存在,并决定是使用滤波后的输出信号还是使用未滤波的输入信号。

参考文献[5]中提出的自适应算法是基于迭代归一化最小均方(Least Mean Square, LMS)算法,该算法使代价函数 $f_C[n] = E\{|x_f[n]|^2\}$ 最小化,其中 $x_f[n]$ 是滤波器的输出。利用迭代规则对复参数 z_0 进行最小化,有

$$z_0[n+1] = z_0[n] - \mu[n] \cdot g(f_C[n]) \tag{6.7}$$

$$g(f_C[n]) = 4 x_f[n](z_0[n]x_i[n-2] - x_i[n-1]) \tag{6.8}$$

$$\mu[n] = \frac{\delta}{E_{x_i[n]}}$$

式中:g 为代价函数 $f_C[n]$ 的随机梯度;$\mu[n]$ 为算法步长;$E_{x_i[n]}$ 为 $E\{|x_i[n]|^2\}$ 的估计值,其中 $E\{|x_i[n]|^2\}$ 是 AR 块输出 $x_i[n]$ 的功率;参数 δ 为控制算法收敛性的非归一化 LMS 算法步长。

z_0 的幅值与干扰功率密切相关。事实上,随着干扰功率的减小,代价函数 $f_C[n]$ 的最小值不再仅仅通过去除干扰来实现,而是通过衰减噪声和 GNSS 信号分量的一部分来实现。通过监测零点 z_0 的幅值,可以避免 GNSS 信号分量的衰减。如果它超过固定阈值,则意味着自适应陷波器正在跟踪 CWI 信号,因此 GNSS 接收器必须使用其输出;否则,必须采用未滤波的输入信号。

通过选择那些被认为对 GNSS 接收机有害的干噪比 $J/N = \gamma$ 来确定检测门限。当干噪比 $J/N = \gamma$ 时,阈值 T 被确定为零点对应的陷波器的幅值。然后通过一个简单的测试来验证这个条件 $|\hat{z}_0| > T$ 以启用陷波器,其中 $|\hat{z}_0|$ 是对 z_0 均值的估计。自适应陷波器与干扰检测单元相结合的方案如图 6.5 所示。

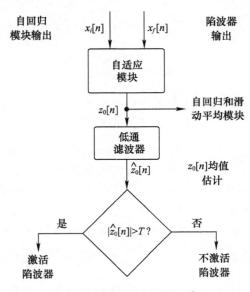

图 6.5　自适应陷波器检测算法

自适应块的存在也使整个陷波器适用于抑制干扰机产生的有害干扰。这种设备在网上只需几美元就可以买到,它们能发出强大的线性调频信号,并在几微秒内扫过几兆赫兹,因此在频谱中表现为宽带干扰(WBI)。在参考文献[6]中可以找到关于使用这种双极陷波器进行干扰抑制的更多细节。

已经有多种该陷波器的变种(自适应或非自适应)被提出。文献[7]描述了 z_0 相对于单位圆的位置如何影响陷波器输出端信号的失真。这里提出了一种不同的自适应算法,包括迫使滤波器的零点在单位圆上移动。此外,为了提高自适应算法的收敛速度,在执行过程中随时调整极点收缩因子 k_α 和 LMS 步长 δ。在没有干扰的情况下,陷波宽度很宽,LMS 步长很大。当干扰出现时,陷波宽度变窄,收敛步长变小,并且迫使零点在单位圆上移动。

虽然陷波器在处理连续波干扰时是一种有效的对策,但它并不是处理干扰整个 GNSS 接收信号带宽的多个干扰信号的最佳解决方案。在这种情况下,如参考文献[8]所述,用于抑制遍布 GNSS 有用信号频谱的多个 NBI 的陷波器的实现将变得极其复杂。

6.2　时域技术

在时域中对信号的观察对于干扰检测通常是有用的,但并非始终是应用抑制技术的最佳域。实际上,大部分干扰信号都与输入的 GNSS 信号混合在一起,不可能单独对干扰和 GNSS 信号分量进行处理。脉冲干扰信号是一个例外,一般来说,脉冲干扰信号在时域上是有限的,但它们确实会影响整个频谱。对于此类信号,已经提出了脉冲消隐技术,并将在以下章节中介绍。

脉冲消隐技术

现代 GNSS 接收机中最常见的脉冲干扰对策是脉冲消隐电路。这样一种简单的技术最初是基于模拟技术提出的,如参考文献[9]中所述;参考文献[10]首次提出了一个全数字化的实现。图 6.6 显示了在数字 GNSS 接收机射频前端中实现数字脉冲消隐技术实现框图。

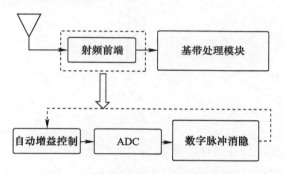

图 6.6　数字脉冲消隐技术实现框图

这种类型的数字电路通过对 ADC 输出的样本进行阈值化处理来提供脉冲干扰消除。基本上,将每个样本与数字阈值电平进行比较,该阈值电平仅根据热噪声功率的估计来设置,并且当超过阈值时,该样本将被消隐。

数字脉冲消隐的原理很简单。它依赖于这样一个事实,即脉冲持续时间短且与噪声水平相比具有非常大的幅度。因此,脉冲消隐电路的实现需要很大位宽的 ADC 对输入信号进行量化。这样,AGC 可以调整利用有限的比特数(如 2 或 3)来映射接收信号电平,留下较高的比特用于脉冲检测;否则,经过调整利用整个 ADC 尺度的 AGC,将在脉冲激活状态期间显著抑制有用的 GNSS 信号,从而将脉冲本身的存在掩盖到消隐电路。

检测阈值可以在检测脉冲的能力和无脉冲情况下的 C/N_0 衰减之间进行折中。

脉冲消隐器的典型应用是用于航空场景的 GNSS 接收机设计中。事实上，有许多基于地面信标强脉冲信号传输的航空无线电导航系统(Aeronautical Radio Navigation Systems,ARNS)，如第 2 章介绍的与 GPS L5 和 Galileo E5 信号共享相同频带[11]的 DME 或 TACAN。在这种情况下，影响机载 GNSS 接收机的干扰可由接收机可见的所有 ARNS 地面站发送的复合强脉冲信号表示。图 6.7 给出了对 DME/TACAN 地面信标发送的归一化调制脉冲执行脉冲消隐操作的示例。

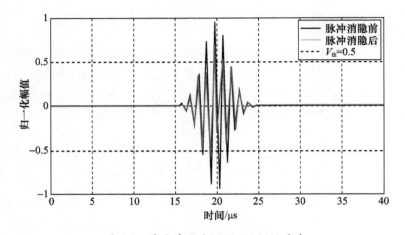

图 6.7　消隐前后的 DME/TACAN 脉冲

理想消隐操作应用在这样的脉冲上的缺点是，由于在脉冲持续时间和典型高斯形状上存在调制，并非所有属于脉冲的样本都能被抑制。此外，脉冲信号对接收机前端有源器件的影响，会对脉冲消隐电路的性能产生影响。由于多个脉冲的组合而产生的非常强的脉冲或非常强的接收功率会导致 GNSS 接收机(例如放大器)中的有源部件饱和，在干扰结束后，需要一段时间来恢复到正常状态。参考文献[9]提到，对于特定的商业接收机，峰值功率高于热噪声 15dB 的脉冲干扰信号足以使接收机前端的最后一级放大器饱和。在这种干扰条件下，即使在脉冲关闭状态下，脉冲消隐也可能进行信号抑制，持续时间等于放大器恢复正常工作所需的恢复时间。对于商业接收机，放大器的典型恢复时间约为超过饱和点输入电平的 40ns/dB[9]。

一般而言，脉冲干扰信号对接收机前端组件的影响会有所不同，具体取决于脉冲峰值功率电平和脉冲持续时间。此外，AGC/ADC 模块的设计对于脉冲消隐性能也至关重要。在接收机前端的数字部分实现多比特量化时，需要精心设计 AGC。缓慢的 AGC 会在很长一段时间内平均输入信号功率来设置 ADC

输入电平,在此期间如果出现过多的脉冲振荡,则 ADC 的输入动态设置不合适[9]。

为了避免 ADC 过载,消隐的样本不能用于 AGC 调整,这一事实也必须考虑。由于这些原因,消隐操作会失效,因为即使在脉冲干扰关闭的状态下,也会有很大比例的接收的 GNSS 信号被消隐,从而大大增加了接收信号的失真[10]。图 6.8 比较了理想脉冲消隐和非理想消隐对 DME/TACAN 单脉冲的影响。

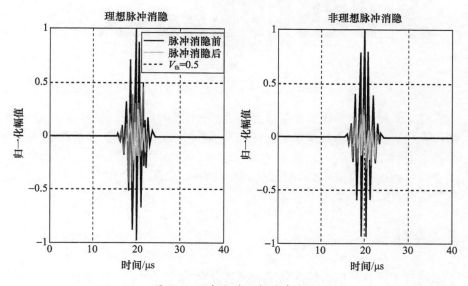

图 6.8 理想与非理想脉冲消隐

代表干扰对前端组件影响的非理想消隐不仅会导致脉冲初始部分的检测延迟,而且会导致脉冲消隐失活时间延迟,从而导致非理想的干扰抑制和有用 GNSS 信号的更大衰减。然而,数字脉冲消隐技术是一种低成本、低复杂度、高效的解决方案,适用于低空场景中遇到的大多数脉冲干扰环境,例如在航空电子设备着陆过程中。在这种情况下,由于高度较低,GNSS 接收机在 LOS 中只有几个 ARNS 信标(机场附近的两个或三个),达到 GNSS 机载天线的强脉冲信号并不表示时间上非常密集的脉冲干扰环境,这时可以通过数字脉冲消隐技术进行抑制,不会导致信噪比的严重下降。图 6.9(a)显示了载噪比下降的剖面图和(b)消隐器占空比,其定义为数字脉冲消隐沿一组离散高度值的模拟着陆程序产生的抑制接收信号的平均百分比。在 1060m 左右的低空,数字脉冲消隐抑制了约 10% 的接收信号,导致跟踪的伽利略 E5a 和 GPS L5 信号的衰减小于2dB。

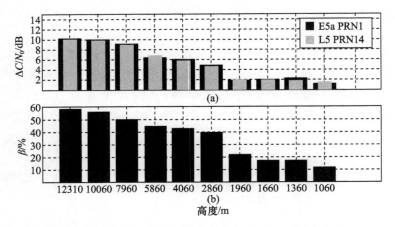

图 6.9　着陆程序模拟：载噪比衰减和消隐器占空比随飞机高度的变化

　　在存在大量脉冲干扰信号的情况下，脉冲消隐的性能受到限制，因此，对于 GNSS 接收机，会产生非常密集的时间脉冲干扰[12]，这将在很长一段时间内触发脉冲消隐器。参考文献[13]显示了在靠近大型机场的某些区域，数字脉冲消隐可实现抑制超过接收信号的 56%，从而导致 SNR 严重降低，但在某些情况下，会导致最弱的 GNSS 接收信号完全失锁[13]。

6.3　空域技术

　　空域技术需要利用天线阵列这种高度复杂的硬件配置。空域技术可以分为两类：

　　（1）使用可控辐射图阵列（Controlled Radiation Pattern Array，CRPA）的调零技术；

　　（2）数字波束形成技术。

　　使用 CRPA 的调零技术是一种非常有效的抗连续干扰技术。这种技术可以消除干扰方向上的信号，并且能够抑制 WBI 或 NBI。它也可以用来应对诸如 DME 的脉冲干扰源。然而，由于天线控制算法需要收敛时间，CRPA 技术通常不能产生有效的自适应干扰零陷。一般来说，CRPA 技术是 RF/IF 模拟波束形成的参考技术。模拟方法的主要优点是可以设计成防止接收机信号处理的 RF/IF 部分中的饱和效应和 A/D 转换过程中的失真。CRPA 技术的使用显著增加了天线成本，但可以提供高达 30dB 的干扰抑制能力。

　　遗憾的是，CRPA 比可比的单天线要大。模拟 CRPA 技术的缺点是，所有卫星信号都在单个 RF/IF 通道中处理，因此，对卫星同时进行干扰调零和产生多个波束是不可行的。

数字波束形成技术是 CRPA 技术的一种变体,其中波束形成发生在接收机的数字信号处理部分。数字波束形成技术的使用,使各个卫星信号可以在单独的信号处理通道中进行处理。因此,除了在干扰信号到达方向上"简单"的零陷效应外,通过在卫星方向上产生额外的天线增益,每个通道的数字波束形成都可以优化为接收特定的 GNSS 信号。这种数字方法比传统的模拟 CRPA 便宜得多,但它不能防止射频前端因高功率干扰而饱和。因此,建议将数字波束形成与高动态 LNA 相结合,并应用具有 AGC 的多比特 ADC,从而使 4 元阵列和 16 元阵列的抗干扰性能分别达到 12dB 和 28dB[14]。

对波束形成的所有可能的实现方式的全面研究超出了本章的范围,但在以下小节中,描述了在 GNSS 信号上测试过的两种方法:

(1)空时自适应处理(Space – Time Adaptive Processing,STAP)技术;

(2)基于子空间分解的空域滤波。

6.3.1　空时自适应处理技术

参考文献[15]描述了两种利用 GNSS 阵列天线接收机在空域中同时提供脉冲和 CWI 抑制的 STAP 技术。图 6.10 显示了实现 STAP 算法的 GNSS 接收机的典型配置。

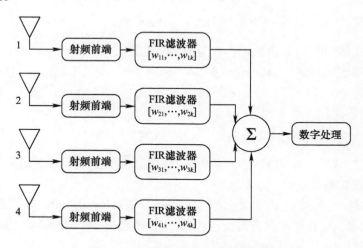

图 6.10　空时阵列处理的 GNSS 接收机

天线阵列由 M 个阵元组成,后面是射频前端,提供放大和下变频到中频的功能。每个射频前端输出的数字信号被馈送到具有 K 个时间抽头的自适应有限脉冲响应(Finite Impulse Response,FIR)滤波器。对每个滤波器输出处的信号

求和以产生数字 STAP 输出,可写为

$$y[n] = \sum_{m=1}^{M} \sum_{k=1}^{K} w_{mk}\, x_m[n-k+1] = \boldsymbol{W}^{\mathrm{T}} \boldsymbol{X} \tag{6.9}$$

式中:w_{mk} 为第 m 个阵元之后的 FIR 滤波器第 k 个抽头处的 STAP 权值;$x_m[n]$ 为第 m 个阵元输出的第 n 个样本。STAP 输入向量 $\boldsymbol{X}$ 和权值向量 $\boldsymbol{W}(MK \times 1)$ 分别定义为

$$\boldsymbol{X} = [x_1[n], \cdots, x_1[n-k+1], \cdots, x_m[n], \cdots, x_m[n-k+1]]^{\mathrm{T}} \tag{6.10}$$

$$\boldsymbol{W} = [w_{11}, \cdots, w_{1k}, \cdots, w_{M1}, \cdots, w_{MK}]^{\mathrm{T}} \tag{6.11}$$

干扰抑制通过图 6.11 所示的控制算法来完成,该算法负责更新 STAP 方案中每个 FIR 滤波器的权值。

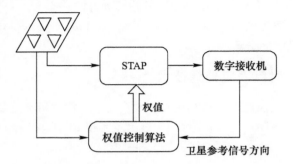

图 6.11　STAP 权值控制算法

参考文献[15]中提出了两种权值控制算法:

(1) 最小均方误差(Minimum Mean Square Error,MMSE)算法。它以最小化期望参考信号 $\boldsymbol{S}_{\mathrm{ref}}$ 和 STAP 输出之间的均方差为目标更新 STAP 权值。在这种情况下,需要解决以下优化问题,即

$$\boldsymbol{W}_{\mathrm{opt}} = \underset{\boldsymbol{W}}{\arg\min} \, \mathbb{E}\left\{ \left| s_{\mathrm{ref}} - \boldsymbol{W}^{\mathrm{T}} \boldsymbol{X} \right|^2 \right\} = \boldsymbol{R}^{-1} \boldsymbol{G}_S \tag{6.12}$$

式中:$\boldsymbol{R} = \mathbb{E}\{\boldsymbol{X}\boldsymbol{X}^{\mathrm{H}}\}$ 为 STAP 协方差矩阵;$\boldsymbol{G}_S = \mathbb{E}\{\boldsymbol{X}\boldsymbol{S}_{\mathrm{ref}}\}$ 为 STAP 输入与参考信号之间的互相关向量。

(2) 最小方差无失真响应(Minimum Variance Distortionless Response,MVDR)技术。它在期望的方向保持预定义的增益的同时,使 STAP 输出功率最小化。在这种情况下,优化问题的表达式为

$$\boldsymbol{W}_{\mathrm{opt}} = \underset{\boldsymbol{W}}{\arg\min} \, \boldsymbol{W}^{\mathrm{H}} \boldsymbol{R} \boldsymbol{W} \left(\boldsymbol{W}_i^{\mathrm{T}} \boldsymbol{A} = 1, \boldsymbol{W}_j^{\mathrm{T}} |_{j \neq i} = \boldsymbol{0} \right) \tag{6.13}$$

式中:向量 $\boldsymbol{W}_i = [w_{1,i}, w_{2,i}, w_{m,i}, w_{M,i}]^{\mathrm{T}}$ 为第 i 个抽头处的权值向量,该抽头是 STAP FIR 滤波器的中心抽头;$\boldsymbol{A}$ 为期望方向上 $(M \times 1)$ 大小的阵列导向矢量;

$\boldsymbol{0}$ 为一个 $(M \times 1)$ 大小的全零向量。

协方差矩阵 $\boldsymbol{R}$ 和互相关矩阵 $\boldsymbol{G}_S$ 的迭代估计公式为

$$\hat{\boldsymbol{R}}[l+1] = \gamma \hat{\boldsymbol{R}}[l] + \boldsymbol{X}[l]\boldsymbol{X}^{\mathrm{H}}[l] \tag{6.14}$$

$$\hat{\boldsymbol{G}}_S[l+1] = \gamma \hat{\boldsymbol{G}}_S[l] + \boldsymbol{X}[l]\boldsymbol{S}_{\mathrm{ref}}[l] \tag{6.15}$$

式中:γ 为记忆因子,它定义了旧的估计值在获得新的估计值上所占的比重;$\boldsymbol{X}[l]$ 是一个 $(MK \times N)$ 大小的矩阵,在一定的适应时间间隔内收集 N 个 STAP 输入;$\boldsymbol{S}_{\mathrm{ref}}[l]$ 为一个 $(N \times 1)$ 大小的向量,包含自适应区间内参考信号的 N 个样本。

在参考文献[15]中,提供了两种 STAP 方法在抑制连续干扰和脉冲干扰方面的比较。结果表明,增加 STAP 架构中采用的抽头数,可以提高干扰抑制能力。然而,当增加 FIR 滤波器的抽头数时,需要更高的计算复杂度。因此,需要在性能和复杂度之间进行权衡。

这两种数字波束形成技术都属于自适应方案,因为它们都基于反馈算法,该反馈算法可确定最佳权向量 $\boldsymbol{W}_{\mathrm{opt}}$,从而产生最佳 CRPA 波束,抑制来自确定方向的干扰,并保持有用 GNSS 信号方向上的增益恒定。作为应用到 GNSS 的一个例子,在参考文献[16]中,提出了一种用于 GPS L1 C/A 信号处理的实时、全软件接收机,该接收机实现了基于 MVDR 技术的数字波束形成,并与由 7 阵元天线阵列组成的 CRPA 相耦合。CRPA 的实现是基于使用从锁相环获得的,通常用于码测量平滑的积分载波相位(Integrated Carrier Phase,ICP)测量值。特别指出的是,需要考虑不同天线间的 ICP 的差异来生成导向矢量,并将其馈给确定性或自适应波束形成模块。

6.3.2 空域滤波的子空间分解

给定一个具有 M 个传感器单元的天线阵列,以矩阵形式定义干扰抑制模块历元 k 处输入的数字信号,即

$$\boldsymbol{X}[k] = \boldsymbol{S}[k] + \boldsymbol{Z}[k] + \boldsymbol{N}[k] \tag{6.16}$$

式中:$\boldsymbol{X}[k]$,$\boldsymbol{S}[k]$,$\boldsymbol{Z}[k]$ 和 $\boldsymbol{N}[k]$ 均为 $(M \times N)$ 大小的复矩阵,分别表示复合接收信号,接收到的有用 GNSS 信号分量,干扰分量和来自连接到天线阵列每个传感器的 M 个不同射频前端的噪声分量。

由于有用 GNSS 信号、干扰和噪声分量之间不相关,因此考虑到第 k 个历元,接收信号的空间协方差矩阵可以表示为

$$\boldsymbol{R}_{XX}[k] = E\{[\boldsymbol{x}[(k-1)N+n]\boldsymbol{x}^{\mathrm{H}}[(k-1)N+n]]\}$$

$$= \boldsymbol{R}_{ss}[k] + \boldsymbol{R}_{zz}[k] + \boldsymbol{R}_{nn}[k] \tag{6.17}$$

然而，由于 GNSS 信号的功率完全掩埋在噪声电平之下，并且相对于干扰功率而言非常小，因此空间协方差矩阵可以近似为 $R_{XX}[k] \approx R_{zz}[k] + R_{nn}[k]$。因此，空间协方差矩阵的特征分解为

$$R_{XX}[k] \approx \begin{bmatrix} U_I & U_N \end{bmatrix} \begin{bmatrix} \Lambda_I & 0 \\ 0 & 0 \end{bmatrix} \begin{bmatrix} U_I^H \\ U_N^H \end{bmatrix} \tag{6.18}$$

式中：酉矩阵 $U_I \in C^{M \times I}$ 的列张成了干扰子空间；酉矩阵 $U_N \in C^{M \times (M-I)}$ 的列张成了噪声子空间；Λ_I 为包含非零特征值 $\lambda_1, \cdots \lambda_i, \cdots \lambda_I$ 的对角阵，即无噪声情况下的干扰子空间。对于所有的特征值 $\lambda_i \gg \sigma_n^2$，可以推导出抑制 $X[k]$ 中的干扰的预白化矩阵，即

$$R_{XX}^{-\frac{1}{2}} \approx \frac{1}{\sqrt{\sigma_n^2}} U_N U_N^H = \frac{1}{\sqrt{\sigma_n^2}} P_I^\perp[k] \tag{6.19}$$

式中：$P_I^\perp[k]$ 为第 k 个周期在噪声子空间上的投影。因此，可以通过如下方式将投影矩阵应用于接收到的数字信号来实现干扰抑制，即

$$\tilde{X}[k] = P_I^\perp[k] X[k] \tag{6.20}$$

投影矩阵 $P_I^\perp[k]$ 可由第 k 个周期的前相关空间协方差矩阵估计的特征分解得到。这种波束形成技术的最关键部分包含在 R_{XX} 的特征分解中，R_{XX} 可以确定投影矩阵 $P_I^\perp[k]$。处理特征值分解问题需要很高的计算量，其软件实现也变得至关重要。在参考文献[17]中，提出了一种基于附加协处理器支持的软件实现的混合实现方式。

6.4　总结

本章介绍了目前 GNSS 接收机抗干扰的最常用的数字信号处理技术，概述了在频域、时域和空域设计的主要策略。就干扰消除能力而言，最佳技术的选择取决于干扰信号的特征，而在大多数情况下这些特征是未知的。因此，在设计干扰抑制单元时，除非可以获得关于干扰环境的特定信息(如在 ARNS 带宽内运行的 GNSS 接收机)，否则需要将不同技术组合在一起。

最有效的干扰抑制技术在计算复杂度上的增加是不可忽略的，因此，目前它们的实现仅限于高端接收机，这些接收机有快速的处理单元，没有严格的功耗限制。然而，由于对干扰现象的日益关注以及处理器计算能力的不断提高，它们有望在越来越多的 GNSS 接收机中实现，甚至在大众市场领域。

6.5 参考文献

[1]   Oppenheim, A. V., and R. Schafer, *Discrete-Time Signal Processing*, Upper Saddle River, NJ: Pearson Education, 2006.

[2]   Raimondi, M., et al., "Mitigating Pulsed Interference Using Frequency Domain Adaptive Filtering," *Proc. 19th Int. Technical Meeting of the Satellite Division of the Institute of Navigation (ION GNSS 2006)*, Fort Worth, TX, September 26–29, 2006, pp. 2251–2260.

[3]   Borio, D., "GNSS Acquisition in the Presence of Continuous Wave Interference," *IEEE Trans. on Aerospace and Electronic Systems*, Vol. 46, No. 1, 2010, pp. 46–60.

[4]   Motella, B., et al., "Method for Assessing the Interference Impact on GNSS Receivers," *IEEE Trans. on Aerospace and Electronic Systems*, Vol. 47, No. 2, 2011, pp. 1416–1432.

[5]   Borio, D., L. Camoriano, and L. Lo Presti, "Two Pole and Multi Pole Notch Filters: A Computationally Effective Solution for GNSS Interference Detection and Mitigation," *IEEE Systems J.*, Vol. 2, No. 1, 2008, pp. 38–47.

[6]   Borio, D., C. O' Driscoll, and J. Fortuny, "GNSS Jammers: Effects and Countermeasures," *Proc. 6th ESA Workshop on Satellite Navigation Technologies and European Workshop on GNSS Signals and Signal Processing, (NAVITEC)*, Noordwijk, The Netherlands, December 5–7, 2012, pp. 1–7.

[7]   Troglia Gamba, M., et al., "FPGA Implementation Issues of a Two-pole Adaptive Notch Filter for GPS/Galileo Receivers," *Proc. 25th Int. Technical Meeting of the Satellite Division of the Institute of Navigation (ION GNSS 2012)*, Nashville, TN, September 17–21, 2012, pp. 3549–3557.

[8]   Gao, G. X., "DME/TACAN Interference and Its Mitigation in L5/E5 Bands," *Proc. 20th Int. Technical Meeting of the Satellite Division of the Institute of Navigation (ION GNSS 2007)*, Fort Worth, TX, September 25–28, 2007, pp. 1191–1200.

[9]   Hegarty, C., et al., "Suppression of Pulsed Interference Through Blanking," *Proc. 56th Annual Meeting of the Institute of Navigation and of the IAIN World Congress*, San Diego, CA, June 26–28, 2000, pp. 399–408.

[10]   Grabowski, J., and C. Hegarty, "Characterization of L5 Receiver Performance Using Digital Pulse Blanking," *Proc. 15th Int. Technical Meeting of the Satellite Division of the Institute of Navigation (ION GPS 2002)*, Portland, OR, September 24–27, 2002, pp. 1630–1635.

[11]   De Angelis, M. R., et al., "An Analysis of Air Traffic Control Systems Interference Impact on Galileo Aeronautics Receiver," *Proc. IEEE Int. Radar Conf.*, May 9–12, 2005, pp. 585–595.

[12]   Denks, H., A. Steingass, and A. Hornbostel, "GNSS Receiver Testing by Hardware Simulation with Measured Interference Data from Flight Trials," *Proc. 22nd Int. Technical Meeting of the Satellite Division of the Institute of Navigation (ION GNSS 2009)*,

Savannah, GA, September 22–25, 2009, pp. 1–10.

[13]   Musumeci, L., J. Samson, and F. Dovis, "Experimental Assessment of Distance Measuring Equipment and Tactical Air Navigation Interference on GPS L5 and Galileo E5a Frequency Bands," *Proc. 6th ESA Workshop on Satellite Navigation Technologies and European Workshop on GNSS Signals and Signal Processing (NAVITEC)*, Noordwijk, The Netherlands, December 5–7, 2012, pp. 1–8.

[14]   Brown, A., and N. Gerein, "Test Results of a Digital Beamforming GPS Receiver in a Jamming Environment," *Proc. 14th Int. Technical Meeting of the Satellite Division of the Institute of Navigation (ION GPS 2001)*, Salt Lake City, UT, September 11–14, 2001, pp. 894–903.

[15]   Konovaltsev, A., et al., "Mitigation of Continuous and Pulsed Radio Interference with GNSS Antenna Arrays," *Proc. 21st Int. Technical Meeting of the Satellite Division of the Institute of Navigation (ION GNSS 2008)*, Savannah, GA, September 16–19, 2008, pp. 2786–2795.

[16]   Chen, Y. H., et al., "Real-Time Software Receiver for GPS Controlled Reception Pattern Antenna Array Processing," *Proc. 23rd Int. Technical Meeting of the Satellite Division of the Institute of Navigation (ION GNSS 2010)*, Portland, OR, September 21–24, 2010, pp. 1932–1941.

[17]   Kurz, L., et al., "An Architecture for an Embedded Antenna-Array Digital GNSS Receiver Using Subspace-Based Methods for Spatial Filtering," *Proc. 6th ESA Workshop on Satellite Navigation Technologies and European Workshop on GNSS Signals and Signal Processing, (NAVITEC)*, Noordwijk, The Netherlands, December 5–7, 2012, pp. 1–8.

第7章 基于变换域技术的干扰抑制技术

Luciano Musumeci，Fabio Davis

7.1 简介

对干扰全球导航卫星系统信号的射频信号的检测和抑制,在不损害有用信号结构的情况下,依赖于清楚地识别是否存在虚假成分并在可能的情况下消除虚假成分的能力。为此,在与第 6 章中介绍的经典时域和频域不同的域中寻求接收信号的描述是有用的,可以在不同域中将有用和虚假成分进行有效的分离。将信号投射到新域中的最佳变换方法的选择取决于干扰源的性质、所选择的干扰抑制技术以及接收机的信号处理机所能提供的复杂性。因此,本章将介绍最近在全球导航卫星系统文献中提出和评估的一些技术实例。然而,由于在数字信号处理领域中研究的可逆变换的大量可能性,将来可能会研究其他的选择来更好地处理不同类别的干扰信号。特别指出的是,本章引入了三个变换族,在时频、时标和子空间域中提供接收的数字化信号的表示。对于所有介绍的方法,本章介绍了分解阶段、检测算法和干扰消除过程,以及一些案例研究,并展示了每种技术的潜力。

7.2 变换域技术

最近,全球导航卫星系统领域的研究人员已经开始研究一系列新的干扰检测和抑制解决方案,这些解决方案是基于先进的信号处理技术,允许对由接收机 ADC 数字化的信号在不同的域中进行表示,这样可以更好地识别、隔离、处理或去除与干扰相关的信息。这样一个新的算法族将在后面不同的转换域技术中介绍,图 7.1 总结了该过程的不同逻辑步骤。

在模拟域中,通过利用一组基函数 $h(\alpha,\beta,\gamma,\cdots)$,信号 $x(t)$ 可以在变换域 $X(\alpha,\beta,\gamma,\cdots)$ 中表示,有

$$X(\alpha,\beta,\gamma,\cdots) = < x(t),h(\alpha,\beta,\gamma,\cdots) > = \int_{-\infty}^{+\infty} x(t) \cdot h^{*}(t,\alpha,\beta,\gamma,\cdots)\mathrm{d}t$$

(7.1)

式中:$X(\alpha,\beta,\gamma,\cdots)$ 为变换域中的信号;变量集 $(\alpha,\beta,\gamma,\cdots)$ 为变换域的维数。

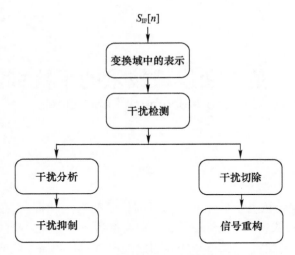

$S_{\mathrm{IF}}[n]$

变换域中的表示

干扰检测

干扰分析

干扰抑制

干扰切除

信号重构

图 7.1 典型变换域技术流程图

通常,通过选择 $(\alpha,\beta,\gamma,\cdots)$ 的离散值来离散函数集,以获得一组正交函数 $h_k(t,\alpha,\beta,\gamma,\cdots)$。基函数的选择和分解应允许识别属于干扰信号的成分 $X_k(\alpha,\beta,\gamma,\cdots)$,从而将其与有用成分分离。

用 $X_k(\alpha,\beta,\gamma,\cdots)$ 加权基函数集来表示信号。因此,可以实现 $x(t)$ 的重构,即

$$x(t) = \sum_k X_k(\alpha,\beta,\gamma,\cdots) h_k(t,\alpha,\beta,\gamma,\cdots) \qquad (7.2)$$

文献中研究的大多数变换域技术依赖于基于阈值运算的检测算法。根据奈曼 – 皮尔逊准则[1],阈值 V_{th} 的设置考虑了零假设 H_0(无干扰)和期望的虚警概率,定义为

$$p_{fa}(V_{\mathrm{th}},\alpha,\beta,\gamma,\cdots) = P(\,|X_k(\alpha,\beta,\gamma,\cdots)\,| > V_{\mathrm{th}}\,|H_0) \qquad (7.3)$$

式中:$X_k(\alpha,\beta,\gamma,\cdots)$ 为选择的变换域。

基本上,$X_k(\alpha,\beta,\gamma,\cdots)$ 的值与在没有干扰的情况下表示预期 GNSS 信号的掩模进行比较。最后,可以考虑两种干扰抑制算法。通过基于所识别的干扰系数的反变换过程,可以执行干扰信号的合成重构,以便从混合接收信号中减去干扰源(干扰消除)。另一种方法可以基于干扰分量变换域中的直接抑制,这些分量在执行信号重建的反变换操作(干扰剔除)之前,被认为属于干扰。

显然,所选择的变换必须是可逆的,以便在通过消除进行抑制的情况下能够生成干扰信号的合成版本,以及在变换域中通过切除进行抑制的情况下重构"无干扰"GNSS 信号。

由于现代 GNSS 接收机的典型结构,在数字域中有效实现转换是可取的。事实上,基于变换域技术的检测/抑制单元可以在 ADC 转换阶段之后立即在接收机中实现,在将信号采样点馈送到接收机的捕获和跟踪阶段之前对其进行处理。

7.3 时频表示

通过著名的"类正交 Gabor 展开"变换方法,可以实现对 ADC 输出信号的时频表示。参考文献[2]中提出的转换是基于将时频平面离散为坐标为 $t_n = nT$ 和 $f_m = m\Omega$ 的格子,其中 $-\infty \leqslant n, m \leqslant \infty$,式中:$T, \Omega$ 分别为时间和频率变量的网格间隔。因此,对于任意信号 $x(t)$,Gabor 展开可表示为

$$x(t) = \sum_m \sum_n C_{m,n} h_{m,n}(t) \qquad (7.4)$$

式中:$h_{m,n}(t) = v(t - mT) e^{jn\Omega t}$ 是最佳时频分辨率的高斯一维函数。参考文献[2]还表明,Gabor 展开可以从连续短时傅里叶变换的采样版本导出,即

$$C(mT, n\Omega) = < x(t), h_{m,n}^*(t) > = \int_{-\infty}^{+\infty} x(t) h_{m,n}^*(t) \mathrm{d}t$$

$$= \int_{-\infty}^{+\infty} x(t) v^*(t - mT) e^{-jn\Omega t} \mathrm{d}t \qquad (7.5)$$

式中:$< x(t), h_{m,n}^* >$ 为函数 $x(t)$ 和函数 $h_{m,n}^*(T)$ 之间的内积。

在参考文献[3]中使用了这种类正交 Gabor 展开分解来实现 chirp 信号和线性调频信号的抑制技术。在这种情况下,检测阈值是通过在没有干扰信号的情况下分析 GNSS 信号的理想变化域表示来设置的。通过减去干扰信号的合成重建副本来实现抑制。关于这种基于变换域的干扰抑制方法的更多细节,可以在参考文献[2]和参考文献[3]中找到。

7.4 时间尺度域:小波变换

小波变换(WT)是一种广泛应用于信号处理领域的技术。在 GNSS 中通过使用小波变换的实现干扰抑制算法的第一次尝试在参考文献[4]和参考文献[5]有所描述,用来解决脉冲干扰抑制问题。在这类工作中,小波变换被用来获得输入干扰信号的时间尺度表示。信号的小波变换提供了一个域中信号分量的表示,该域由一组不同于短时傅里叶变换的函数组成,这些函数可视为带宽

随着其中心频率的降低而减小的带通滤波器,从而在被分析信号的分解中提供了一致的分辨率。

小波变换中使用的基函数属于集合,即

$$h_t^*(t) = \alpha^{-\frac{k}{2}} h(\alpha^{-k} t) \qquad (7.6)$$

在频域中,函数可以写为 $H_k(\mathrm{j}\Omega = \alpha^{\frac{k}{2}} H(\mathrm{j}\alpha^k \Omega))$,其中 $\alpha > 1$ 和 $k \in Z$。

所有谱函数都是通过原型函数 $H(\mathrm{j}\Omega)$ 的频率标度运算得到的。小波变换可以通过响应为 $h_k(t)$ 的非均匀滤波器组来实现。引入标度因子 $\alpha^{-\frac{k}{2}}$ 作为归一化因子,以确保恒定的能量与 k 以及带宽与中心频率的比值 Ω_k 无关。给定任意输入 $x(t)$,滤波器 $h_k(t)$ 的输出可计算为

$$w_k(t) = \int_{-\infty}^{\infty} x(t) h_k(\tau - t)\,\mathrm{d}t = \alpha^{-k/2} \int_{-\infty}^{\infty} x(t) h(\alpha^{-k}(\tau - t))\,\mathrm{d}t \quad (7.7)$$

此外,由于滤波器带宽 $H_k(\mathrm{j}\Omega)$ 对于较大的 k 较小,因此可以较低的速率对其输出进行采样。在时域中,$h_k(t)$ 的宽度更大,因此也可以将窗口移动更大的步长[6]。

连续变量 τ 可以在 $n\alpha^k T$ 处采样,其中 n 是整数,以获得离散小波变换(DWT)。这样,窗口移动的步长为 $\alpha^k T$,并且随着滤波器的中心频率 Ω_k 的减小而增大。因此,系数的获取根据以下公式进行,即

$$X_{\mathrm{DWT}}(k,n) = \alpha^{-k/2} \int_{-\infty}^{\infty} x(t) h(nT - \alpha^{-k} t)\,\mathrm{d}t = \int_{-\infty}^{\infty} x(t) h_k(n\,\alpha^k T - t)\,\mathrm{d}t$$

$$(7.8)$$

上式是 $x(t)$ 和 $h_k(t)$ 在离散点集上的卷积。图 7.2 显示了通过 Meyer 小波函数[7]的双值尺度操作($\alpha = 2$)获得的非均匀滤波器组的每个分支的传递函数。滤波器族 $h_{kn}(t)$ 是分析滤波器的集合。

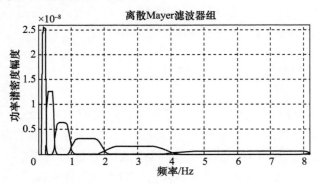

图 7.2　Mayer 小波滤波器组响应

通过选择合适的综合滤波器组,可以实现信号 $x(t)$ 的完美重构。给定一组小波系数 $X_{\mathrm{DWT}}(k,n)$,它对应的离散小波逆变换可以根据下式得到,即

$$x(t) = \sum_k \sum_n X_{\mathrm{DWT}}(k,n) \psi_{kn}(t) \tag{7.9}$$

因此,可以通过对满足条件 $\psi_{kn}(t) = h_{kn}^*(t)$ 的准酉正交镜像滤波器组(QMF)的完美重构来实现信号分析/合成[6]。

7.4.1　离散时间小波变换

式(7.9)中定义的关系是离散小波变换,因为 k 和 n 是整数,但它不是离散时间,因为 t 是连续的。文献[6]表明,在一定条件下,离散时间正交镜像滤波器(QMF)组可以生成正交基函数。作为例子,考虑 $\alpha = 2$ 的情况,称为二进小波分解,并进一步假设 $t = 1$。给定频率响应 $H(z)$ 和 $G(z)$ 的次酉对,小波函数 $\psi(t)$ 将满足方程式(7.11)。

$$\psi(t) = 2^{1/2} \sum_{n \in \mathbb{Z}} h[n] \phi(2t - n) \tag{7.10}$$

$$\phi(t) = 2^{1/2} \sum_{n \in \mathbb{Z}} g[n] \phi(2t - n) \tag{7.11}$$

式中:$\phi(t)$ 为所谓的"标度函数",满足标度方程;$h[n]$ 和 $g[n]$ 分别为小波向量和尺度向量,并导出 $H(z)$ 和 $G(z)$ 的 zeta 逆变换。在 $H(z)$ 和 $G(z)$ 构成次幺正滤波器对的假设下,满足式(7.12)和式(7.13)的标度函数 $v(t)$ 和小波函数 $\psi(t)$ 是平移正交和跨距正交子空间 V_i 和 W_i,其中子空间 V_i 由集合 $\{2^{i/2} \phi(2^i t - n), \forall n \in Z\}$ 张成,W_i 由空间 $\{2^{i/2} \psi(2^i t - n), \forall n \in Z\}$ 张成。

根据小波和尺度函数所张成的子空间的正交性,小波和尺度向量必须分别正交和相互正交。其中 $H(z)$ 和 $G(z)$ 表示将用于离散时间滤波器的成对正交镜像滤波器。式(7.6)在数字域中的等效表达式为 $H_k(e^{jw}) = H(e^{j2^kw}) \rightarrow H_k(z) = H(z^{2^k})$,其中 k 是非负整数。参考文献[6]表明 $H_k(z)$ 是一个多带(而不是通带)滤波器。因此,为了获得通带滤波器,采用低通滤波器 $G(z)$。因此,对于并矢缩放操作,非均匀滤波器组在每个获得的分支为

$$H(z), G(z) H(z^2), G(z) G(z^2) H(z^4), \cdots \tag{7.12}$$

式中:每个分支的等效脉冲响应为 $h_{kn}(t)$ 的数字版本。

用于 STFT 分解的式(7.4)中的正交基函数 $h_{mn}(t)$ 具有相同的频带宽度,并表示一组具有相同持续时间的时间窗口。这样一组基函数导致信号频率分量表征的不同分辨率。在持续时间 $v(t)$ 内可以捕获高频信号的许多周期,而低频信号的情况并非如此。因此,STFT 的分辨率在低频时较差,但随着频率的增加而

提高[6]。实际上,STFT 可以看作是一个带通均匀滤波器组,其中每个滤波器的频率响应具有相同的带宽和不同的中心频率。

小波变换的滤波操作也可以在小波分解的高频分支处迭代,从而获得执行所谓的"小波包分解"(WPD)的均匀滤波器组。每个分支的输出提供一组表示输入分解信号的确定频率部分的系数(分组)。在设计干扰检测算法时,通过小波变换或小波包分解实现的小波函数的特征实际上是有用的,即函数在时域和频域上都是紧凑的(快速衰减)。这一特性使它们能够识别不同尺度的局部现象,从而从 GNSS 信号中识别出干扰源,而 GNSS 信号在时间尺度域中基本上看起来像噪声。

7.4.2 基于小波包分解的干扰抑制算法

这里提出的基于小波的干扰抑制算法完全基于 WPD,其中通过基于小波的均匀滤波器组来传输离散时间信号,如图 7.3 所示。

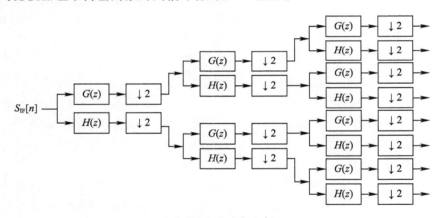

图 7.3 小波包分解

在 WPD 中,缩放和移位过程也以更高的频率进行迭代,从而形成均匀滤波器组。干扰检测和抑制的算法实现主要基于三个步骤:

(1)分解阶段,输入的 GNSS 干扰信号通过均匀滤波器组,从而实现时间尺度表示。应用于信号分解的小波级数是一个自由参数。在本工作的后续部分,将从以下方面评估小波分解级数的最佳数目:干扰频谱特性;GNSS 接收机在捕获和跟踪两级的性能。

(2)检测缓解阶段,在滤波器组输出处获得的每个刻度中执行。通过对系数的时间序列应用消隐操作来执行干扰消除。这样一个过程是基于抑制每个尺度中的系数超过确定的消隐阈值水平来实现的。

（3）重构阶段,通过小波逆变换实现,小波逆变换从抑制干扰系数后修改的尺度开始。

例如,图7.4(a)显示了受窄带干扰(NBI)影响的模拟 GPS C/A 码信号10ms 的时域表示。利用全软件 GNSS 信号发生器对受干扰的 GPS C/A 码信号进行了仿真。在 WPD 的 4 个阶段之后,时间尺度层显示了位于确定尺度中的 NBI 分量如何清晰地从时间尺度噪声层出现,从而简化了检测过程。

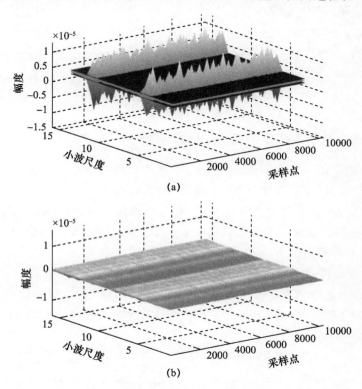

图 7.4　存在窄带干扰时的 GPS C/A 时间尺度域
(a)切除前;(b)切除后。

图 7.4(a)中的黑色地板表示用于干扰系数消除的唯一消隐阈值。切除过程基于抑制每个小波包中超过预定消隐阈值的所有系数,产生一组新的小波包,如图 7.4(b)所示。然后通过与信号所用的均匀滤波器组匹配的均匀滤波器组实现信号重构分解(图 7.3),如参考文献[6]所述。图 7.5 显示了基于 WPD 处理之前(黑线)和之后(灰线)模拟干扰 GPS C/A 代码信号 PSD 之间的比较。可以很清楚地看到,由于小波包分解算法提供的选择性效应,有助于提取和分离从有用的 GNSS 信号中分离干扰分量。

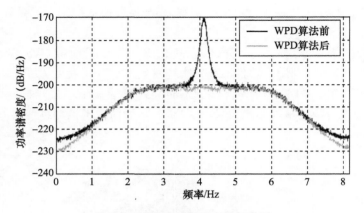

图 7.5　干扰系数切除后的频域图

7.4.3　基于 WPD 的方法：参数调整

基于 WPD 的方法可以根据不同的干扰场景进行调整。事实上，几个参数可以由用户定义，本节将针对 NBI 的抑制进行研究。

下面已经考虑了几个 NBI 场景，并对干扰带宽 B_{int}、干扰载波频率 f_{int} 和小波分解阶段 N 的数量进行了参数研究。采用了全软件 GNSS 接收机，给出了最佳参数配置，如分解级数 N。

1. 小波分解深度 N

第一个分析致力于研究小波分解阶段数对 NBI 抑制性能的影响。考虑了三种不同的干扰情况，将 GPS L1 C/A 码信号与远离中频的 NBI 200kHz 相结合，结果如图 7.6 所示。

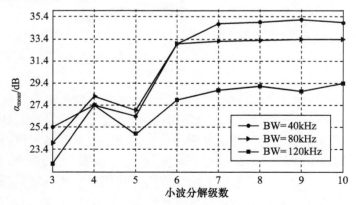

图 7.6　捕获指标 VS WPD 深度

108

图 7.6 显示了捕获参数 $\alpha_{mean} = R_p/M_c$（定义为主采集峰值和相关噪声底之间的比率）与小波分解阶段数之间的趋势。捕获性能是使用 1ms 的相干积分时间和 20 次非相干累积来实现的。这三条线路涉及三种不同的干扰场景，表示带宽分别为 40、80 和 120kHz 的 NBI。增加 WPD 阶段的数量可提高小波尺度分辨率，从而提高其频率选择性。在所有三种干扰场景中，增加 N 在捕获和隔离 NBI 方面提供了更好的性能分量，这意味着在不去除有用信号分量的情况下更好地抑制干扰，如 α_{mean} 的增加趋势所示。然而，对于较高的 N 值（大于 7），可以观察到饱和效应。在这样的区域中，由于小波包分辨率已经与 B_{int} 相当或更窄，因此捕获性能不会进一步提高。此外，正如预期的那样，这种技术的性能是有限的，对于较大的 B_{int}，可以获得较低的采集度量值。

2. 小波族比较

7.3 节介绍了 Meyer 小波。实际上还存在其他几种小波函数，当用于生成 WPD 的滤波器响应时，它们具有不同的谱特征（例如，参见文献[8]）。进一步的分析侧重于不同小波函数的使用。特别指出的是，从高斯函数的正交化过程中导出的小波函数（修正高斯小波[9]）在所采用的干扰抑制算法中表现出良好的性能。图 7.8 显示了当在远离中频的 200kHz 载波频率和 120kHz 带宽上缓解 NBI 时，与小波分解阶段数量相关的采集参数 α_{mean}。方形标记线是指当通过基于修正高斯衍生小波函数的时间尺度分解执行 NBI 缓解时获得的捕获度量；圆圈标记线是指利用 Meyer 导出的小波函数实现的捕获度量。

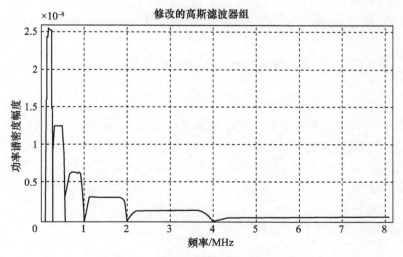

图 7.7　修改的高斯滤波器组响应

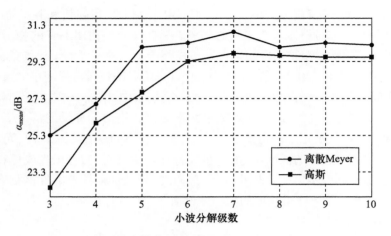

图 7.8 捕获指标:高斯 VS Meyer 小波

7.4.4 计算复杂度

虽然基于小波的抑制算法擅长抑制干扰分量,但其实现的复杂性不容忽视。计算负担主要由小波分解阶数 N 的数量决定,滤波操作的数量为 2^N。所有滤波通过长度为 L 的 FIR 滤波器实现。每个输出样本由 L 个乘积运算和一个假和运算得到;因此,对于输入信号的 n 个样本的分解和重构所执行的操作的总数是 $O(n,N,L) = 2 \cdot 2^N \times (nL + n)$。然而,滤波器组实现允许以分解阶段的延迟为代价,通过对阈值化样本进行操作的重构滤波器组,对传入信号进行逐样本处理。此外,基于小波的算法可以代表一种有效的干扰检测和表征后处理技术。

7.5 子空间域:Karhunen – Loève 变换

卡洛南 – 洛伊(Karhunen – Loève)变换(KLT)使用正交函数在向量空间中提供信号分解,正交函数原则上可以具有任何形状,不同于其他变换,例如在傅里叶变换中,基函数是正弦函数。在参考文献[10]中首次提出将其用于空间应用。在这里,KLT 被用作探测隐藏在噪声中非常微弱的信号的仪器,在搜寻外星智能计划的框架内。然而,在参考文献[11]中,首次尝试使用 KLT 进行 CWI 检测。

一般时变函数的 KLT 分解为

$$x(t) = \sum_{n=1}^{\infty} Z_n \phi_n(t) \qquad (7.13)$$

110

式中:Z_n 为统计独立的标量随机变量;$\phi_n(t)$ 为基函数,从 $x(t)$ 随机过程的数字化版本的协方差矩阵推导而来。KLT 在接收信号中的确定性分量和随机分量之间提供了更好的分离。与表示待分解信号时间行为的基函数不同,随机变量Z_n 是通过将给定随机过程 $x(t)$ 投影到相应的特征向量 $\phi_n(t)$ 上获得的,即

$$Z_n = \sum_{-\infty}^{+\infty} x(t)\, \phi_n(t)\, \mathrm{d}t \qquad (7.14)$$

KLT 的性质与干扰的具体类型无关,使 KLT 不仅能够成功检测 CWI,而且能够检测 NBI、WBI 和线性调频干扰。

KLT 干扰检测和抑制算法

KLT 分解根据以下步骤实施:

(1)计算接收信号自相关的托普利茨(Toeplitz)矩阵;

(2)确定托普利茨矩阵的特征值和相关特征函数;

(3)根据式(7.14)测定 Z_n 系数。

图 7.9 显示了 KLT 分离待分解信号中确定性和随机成分的能力。在以下两种情况下,KLT 分解用于解决模拟 GPS C/A 码信号在标称功率下 $100\,\mu s$ 自相关函数的托普利茨矩阵的特征值问题 1:①在无干扰环境中;②受到中频功率 $-120\mathrm{dBW}$ 的 NBI 干扰(带宽 10kHz)。

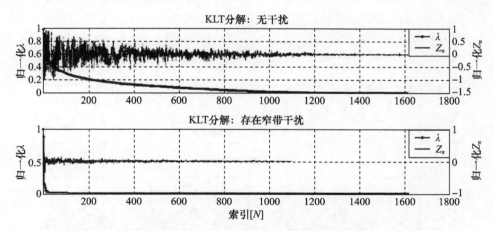

图 7.9 KLT 分解无干扰情况(顶部图)有干扰情况(底部图)比较

图 7.9 报告了通过 KLT 分解获得的归一化特征值 λ 和 Z_n 系数的趋势。注意到,特征值的分布表明了检测干扰的方法。事实上,当存在干扰时,少量特征值相对于其他特征值具有更大的幅度(底部图),这与无干扰环境(顶部图)的情

况不同。参考文献[12]提出了一种基于特征值幅值观测的检测方法。基本上,检测代表干扰分量的最高幅值特征值,并应用逆 KLT,这里仅考虑代表含有 GNSS 分量的噪声的特征函数。为了根据分析论证确定阈值,应研究无干扰环境中信号 Z_n 系数的统计分布。在参考文献[10]中指出西平稳白噪声的 KLT 系数分布为高斯分布。然而,情况并非如此,因为即使全球导航卫星系统信号完全掩埋在噪声中,而由于全球导航卫星系统代码而产生的一些确定性成分也包含在其中。此外,希望具有独立于干扰特征的方法。因此,在参考文献[13]中开发、分析并提出了一种基于能量的检测算法,并将在 7.6.2 节中简要描述,其中介绍了基于 KLT 的脉冲干扰消除方法的应用。

基于 KLT 的方法在从接收信号中提取干扰信息方面具有良好的性能,但由于必须解决特征值问题,因此其实现的计算负担相当重。

7.6 案例研究:脉冲干扰场景

为了评估基于 WPD 和 KLT 的方法的干扰抑制能力及其相对于使用传统脉冲消隐操作的优势,本节给出了它们用于脉冲干扰消除的应用示例。

这里考虑了航空环境中典型的特定脉冲干扰情况。图 7.10 显示了受一组模拟脉冲干扰信号干扰的模拟伽利略 E5a 信号的 10ms 频谱,这些信号通常由位于机场附近的 DME 信标发出。如第 2 章所述,此类脉冲干扰信号出现在频谱中,作为窄带干扰干扰整个 GPS L5 和伽利略 E5a 频段。

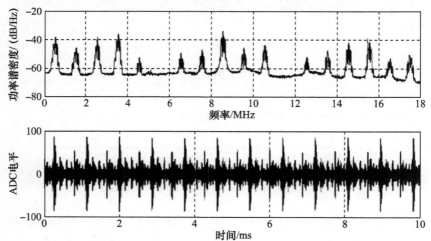

图 7.10　伽利略 E5a 频点信号在存在脉冲干扰情况下的功率谱密度

7.6.1 适用于脉冲干扰的 WPD

ADC 输出信号的时域表示示例如图 7.11 所示,其中在图 7.10 所示的脉冲干扰数据集的中频样本上采用了 5 级 WPD。

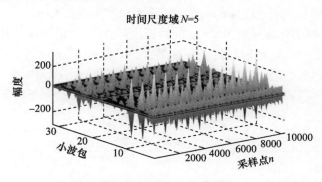

图 7.11　时间尺度表示

采用 Meyer 小波分析[7],以便导出均匀滤波器组中使用的所有滤波器频率响应。经过五级 WPD 后,获得 32 个标度,每个标度表示受干扰接收的伽利略 E5a 信号的确定频率区域。如图 7.11 所示,到达用户天线的总脉冲干扰信号的分量分布在整个时间尺度域。

时间尺度域中的干扰分量检测通过在每个单尺度上执行的阈值操作来执行,然后抑制每个尺度中超过预定阈值的所有系数。这种检测切除过程与每个刻度中的消隐操作非常相似,直接抑制变换域中的干扰分量。图 7.12 说明了该操作的一个示例,其中显示了在消隐前后 WPD 滤波器组的通用分支输出处获得的一组系数。

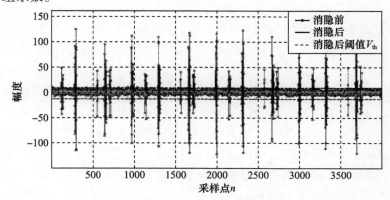

图 7.12　在一单独的尺度上应用脉冲消隐

采用基于奈曼–皮尔逊（Neyman–Pearson）标准的相同检测标准来确定适用于每个时间尺度的消隐阈值 V_{th}。然而，在该示例中，对整个时间尺度域采用唯一的 V_{th} 值。事实上，由于 GNSS 信号完全掩埋在用户天线级的噪声中，因此在奈奎斯特采样条件下，可以认为滤波后的数字化噪声仍然是不相关的，从而允许假设在 ADC 输出处，无干扰环境中的样本仍然是高斯分布，具有零均值和方差 σ^2。然后，数字化信号由 WPD 滤波器组进行处理，滤波器组由相互正交的滤波器响应构成。因此，可以假设在没有干扰的情况下，在滤波器组的每个分支的输出处的采样仍然是具有零均值和方差 σ^2 的高斯分布。作为一个示例，图 7.13 显示了伽利略 E5a–Q 信号在无干扰和存在平坦前端的情况下，经 5 个 WPD 阶段后小波包的平均值和标准偏差值信号。

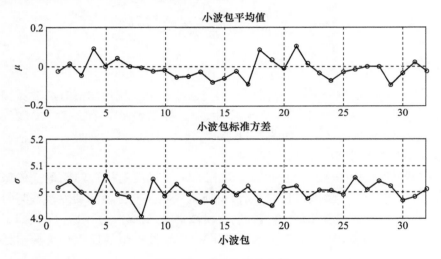

图 7.13　小波包统计分析

所有 32 个尺度的统计数据非常相似，各尺度之间的差异小于 10%。只有代表滤波器截止频率以外的频率区域的刻度偏离此值，但它们可以是忽略不计的，因为如果设计良好，前端带宽在 GNSS 频段具有平坦的频率响应。因此，可以假设将单个消隐阈值应用于整个时间尺度区间，从而避免需要为每个量表定义不同的阈值。时间尺度域中超过消隐阈值的系数被抑制，如图 7.14 所示。这种修改后的尺度被馈送到一个基于小波的反变换块进行信号重建。

通过查看缓解后获得的频谱，可以观察该算法的效果（图 7.15）。以窄带干扰形式出现的几个脉冲干扰信号被很好抑制。此外，与在时域中执行的常见干扰抑制技术（如脉冲消隐）不同，在脉冲消隐中有用的信号分量与干扰一起被抑制，大多数有用的 GNSS 通过频谱中没有下降，信号功率得以节省。与基于伽伯

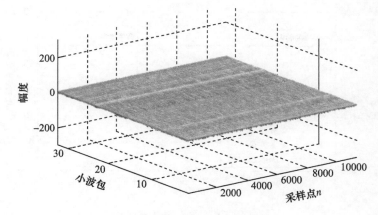

图 7.14 干扰切除后时域尺度图

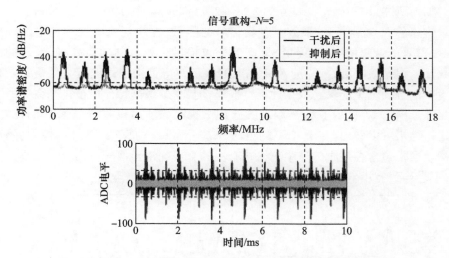

图 7.15 在基于 WPD 方法干扰抑制前后的功率谱密度

(Gabor)展开的算法相比,该算法的主要优点是,在信号分解过程中不需要信号存储,在信号重构过程中也不需要同步操作。

7.6.2 KLT 应用于脉冲干扰

在图 7.10 所示的脉冲干扰数据上实现了基于 KLT 的分解和信号重建。由于这些步骤的软件实现需要强大的计算能力,因此 KLT 分解在小切片上执行,其持续时间约为 16us。图 7.16 显示了 KLT 系数趋势和重建信号的总能量,在重建过程中不考虑最大幅度的 KLT 系数(最大为 N)。

115

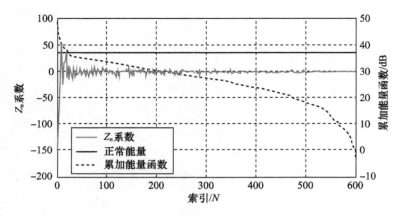

图 7.16　KLT 分解与信号能量

　　如前所述,用于确定要排除的 Z_n 系数数量的标准基于信号能量分析。虚线表示排除前 N 个最高 Z_n 系数时重构信号的能量,虚线与无干扰环境中的理想 GNSS 信号能量阈值(标称能量)之间的交点提供了要抑制的最高 Z_n 系数的最佳数量。根据该准则,排除的 KLT 系数的数目使得重构信号能量大约是无干扰环境中信号的理想能量。根据此标准操作,前 20 个最高特征值被排除在信号重建之外。图 7.17 显示了基于 KLT 的脉冲干扰消除前后接收信号 PSD 的比较。从这一结果可以看出,基于 KLT 的方法与基于 WPD 的算法一样,在检测、隔离和抑制通常包含在接收信号中与干扰有关的主要确定性信号方面具有很高的性能,不会导致有用 GNSS 信号的大失真。

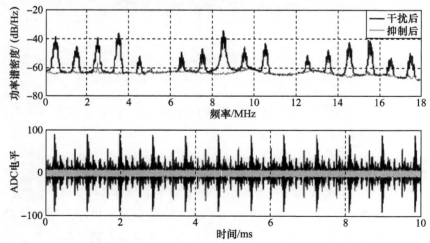

图 7.17　在基于 KLT 方法干扰抑制前后的功率谱密度

7.6.3　TD 技术与脉冲消隐:性能比较

图 7.18 显示了在不同场景下获得的伽利略 E5a 导频信道(PRN 20)的捕获搜索空间。具体而言,图 7.18(a)显示了无干扰对策时软件接收机的捕获性能。在这种情况下,当使用 1ms 相干积分时间和 80 次非相干累积时,可以实现多普勒频率和码延迟的正确捕获。当采用简单的时域脉冲消隐操作作为脉冲干扰对抗时,捕获性能得到改善。在这种情况下,在 10 次非相干累积后,已获得正确的真实相关峰值,如图 7.18(b)所示。然而,当使用基于 WPD 或 KLT 的脉冲干扰抑制算法时,捕获性能显著提高,如图 7.18(c)和(d)所示。在这两种情况下,在 10 次非相干积累后,相关峰值明显从噪声层出现,并穿过采集阈值(黑色平面),这不足以在不采用干扰对策的情况下捕获受干扰数据。

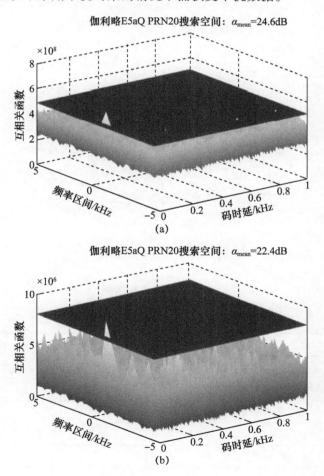

伽利略E5aQ PRN20搜索空间:$\alpha_{mean}=24.6dB$

(a)

伽利略E5aQ PRN20搜索空间:$\alpha_{mean}=22.4dB$

(b)

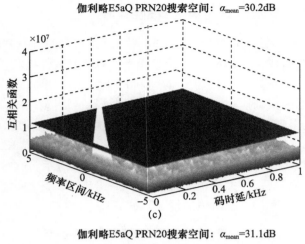

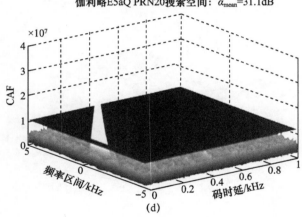

图 7.18　捕获搜索空间

(a)无抑制措施；(b)脉冲消隐后；(c)基于 WPD 干扰抑制处理后；

(d)基于 KLT 干扰抑制处理后。

表 7.1　捕获性能比较

场景	非相干累加次数 K	α_{mean}/dB
无干扰	10	32
脉冲干扰	80	24.6
经过脉冲干扰消隐抑制	10	22.4
经过 WPD 抑制	10	30.2
经过 KLT 抑制	10	31.1

表 7.1 总结了捕获性能,显示了所有 4 种情况下的捕获指标 α_{mean}。可以清楚地看到,这些先进的信号处理算法如何提供更高的脉冲干扰抑制,从而在与使用简单消隐操作相关的情况下相比,可以在捕获空间中获得的相关峰值和噪声底之间的间隔更高。

关于跟踪阶段,在伽利略 E5a 数据信道(PRN 20)跟踪的 10s 内,对数据解调中估计的 C/N_0 提前 – 即时 – 滞后相关性和噪声进行了分析,并在图 7.19、图 7.20 和图 7.21 中分别报告了捕获性能分析所考虑的 4 种情况。

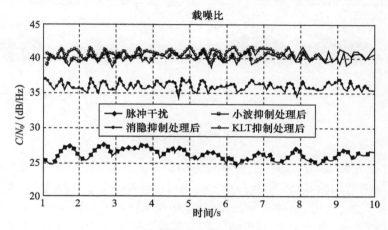

图 7.19　载噪比比较

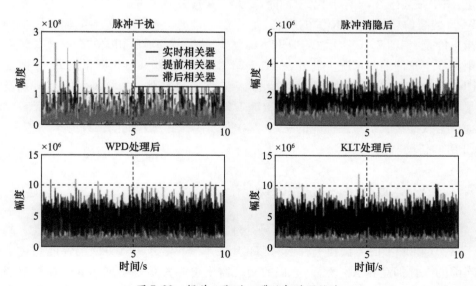

图 7.20　提前 – 即时 – 滞后相关器输出

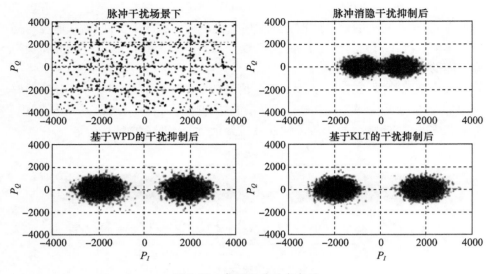

图 7.21　解调信号的散射图

关于估计的 C/N_0，请注意，这种先进的信号处理技术对干扰分量几乎完全抑制，而同时有用的 GNSS 信号分量的失真可以忽略不计。事实上，当采用脉冲消隐作为干扰对策时，软件接收机估计的 C/N_0 约为 36.1dB – Hz，而当采用两种变换域技术时，可获得约 4dB 的增益。通过查看图 7.20 可以得出相同的结论，图中描述了在没有干扰策略的情况下，在应用简单的脉冲消隐操作（基于 WPD 的缓解以及基于 KLT 的缓解）后提前 – 即时 – 滞后相关器的输出。特别指出的是，如图 7.20 所示，WPD 和 KLT 实现的提前和滞后相关的即时相关幅度距离高于脉冲消隐情况。此外，在图 7.21 中，脉冲消隐实施情况下的 $I – Q$ 散射图比基于 WPD 和 KLT 的方法噪声更大。这些结果是通过为 DLL 和 PLL 分别设置等于 1ms 的检测前积分时间 T 和等于 2 和 15Hz 的环路带宽获得的。表 7.2 提供了软件接收机跟踪性能的总结，其中显示了跟踪操作期间估计的平均 C/N_0 和 DLL 抖动。

7.7　变换域技术：可能的操作

7.4.4 节讨论了用这些先进信号处理技术消除干扰所需的计算复杂性。基于 WPD 和 KLT 的方法在干扰检测和有用的 GNSS 信号失真方面的性能超过了当前的干扰抑制算法。然而，它们的实现需要更多资源来实现标准干扰缓解解决方案，如脉冲消隐或陷波滤波。特别是，由于解决特征值问题所需的计算负担,利用基于 KLT 的算法进行实时干扰缓解的想法似乎仍然不现实。另一方面,小波变换已经在一些多媒体数据压缩技术中得到实现,因此,通过利用功能强大的 FPGA 和增强型微处理器,可以认为在 GNSS 接收机中实现实时干扰抑制是可行的。

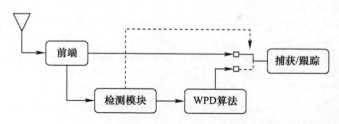

图 7.22　基于 WPD 算法的干扰抑制 GNSS 接收机流程图

图 7.22 所示方案显示了用于消除 GNSS 接收机中干扰的 WPD 算法的可能实现方案。除了提供分解、检测和重建(表示为 WPD 算法)的引擎外,还需要一个信号监视块。这样的监视块负责分析 ADC 输出处接收的 GNSS 信号的质量,以便揭示潜在损失的存在。文献中讨论了几种基于接收信号前后相关性统计分析的监测技术,并在第 5 章进行了总结。一旦监控模块显示存在干扰信号,它将捕获/跟踪输入从前端输出转换为 WPD 算法模块输出。当然,由于分解和重构滤波器组,WPD 处理引入了延迟。然而,阈值化逐样本操作,避免了像其他变换方法所要求的那样使用内存来存储信号样本的数据集。

7.8　结论

本章介绍了一些基于新域中信号表示的干扰抑制技术示例。时频转换提供了时变干扰源(如调频干扰机)的良好直观表示。基于 WPD 和 KLT 的算法被证明是好的干扰检测和抑制的性能算法。在这两种情况下,在不同域中表示输入的受干扰接收的 GNSS 信号允许通过切除变换域的部分来消除干扰,从而导致 GNSS 有用信号的可忽略失真,通过观察在捕获和跟踪阶段获得的接收机性能,可以证明这一点。然而,其实现所需的总计算负担明显高于所预见的复杂性,例如,通过简单的脉冲消隐实现或陷波滤波设计。如前所述,关于 WPD,其复杂性主要由小波分解阶段 N 的数量决定,其根据指数定律 $2N$ 确定滤波操作的数量。无论如何,文献中存在的智能算法为 WPD 提供了与小波分解阶段数 N 成对数的复杂度,这可能代表了在 GNSS 接收机中实时实现 WPD 所需复杂度的解决方案。相比之下,实时 KLT 实现仍然是一个具有挑战性的操作,因为这样的分解需要特征值问题的解决方案。

7.9 参考文献

[1] Kay, S. M., *Fundamentals of Statistical Signal Processing: Detection Theory*, Upper Saddle River, NJ: Prentice Hall, 2010.

[2] Gabor., D., "Theory of Communication," *J. of the IEE*, Vol. 93, No. 3, 1946, pp. 429–457.

[3] Savasta, S., L. Lo Presti, and M. Rao, "Interference Mitigation in GNSS Receivers by a Time-Frequency Approach," *IEEE Trans. on Aerospace and Electronic Systems*, Vol. 49, No. 1, 2013, pp. 415–438.

[4] Anyaegbu, E., et al., "An Integrated Pulsed Interference Mitigation for GNSS Receivers," *Journal of Navigation*, Vol. 61, 2008, pp. 239–255.

[5] Paonni, M., et al., "Innovative Interference Mitigation Approaches, Analytical Analysis, Implementation and Validation," *Proc. 5th ESA Workshop on Satellite Navigation Technologies and European Workshop on GNSS Signals and Signal Processing (NAVITEC)*, Noordwijk, The Netherlands, December 8–10, 2010, pp. 1–8.

[6] Vaydianathan, P. P., *Multirate Systems and Filter Banks*, Upper Saddle River, NJ: Prentice Hall, 1993.

[7] Meyer, Y., *Wavelets Algorithms and Applications*, Philadelphia, PA: Society for Industrial and Applied Mathematics, 1993.

[8] Dovis, F., "Wavelet Based Designed of Digital Multichannel Communications Systems," Ph.D. Thesis, Politecnico di Torino, Italy, 1999.

[9] Dovis, F., M. Mondin, and F. Daneshgaran, "The Modified Gaussian: A Novel Wavelet with Low Sidelobes with Applications to Digital Communications," *IEEE Communications Letter*, Vol. 2, No. 8, 1998, pp. 208–210.

[10] Maccone, C., "The KLT (Karhunen-Loève Transform) to Extend SETI Searches to Broad-band and Extremely Feeble Signals," *Acta Astronautica*, Vol. 67, No. 11–12, 2010, pp. 1427–1439.

[11] Szumski, A., "Finding the Interference: Karhunen-Loève Transform as an Instrument to Detect Weak RF Signals," *Inside GNSS*, No. 3, 2010, pp. 56–64.

[12] Musumeci, L., and F. Dovis, "A Comparison of Transformed-Domain Techniques for Pulsed Interference Removal on GNSS Signals," *Proc. Int. Conf. on Localization and GNSS (ICL-GNSS)*, Sternberg, Germany, June 25–27, 2012, pp. 1–6.

[13] Dovis, F., L. Musumeci, and J. Samson, "Performance Comparison of Transformed-Domain Techniques for Pulsed Interference Mitigation," *Proc. 25th Int. Technical Meeting of the Satellite Division of the Institute of Navigation (ION GNSS 2012)*, Nashville, TN, September 17–21, 2012, pp. 3530–3541.

[14] Musumeci, L., J. Samson, and F. Dovis, "Experimental Assessment of Distance Measuring Equipment and Tactical Air Navigation Interference on GPS L5 and Galileo E5a Frequency Bands," *Proc. 6th ESA Workshop on Satellite Navigation Technologies and European Workshop on GNSS Signals and Signal Processing (NAVITEC)*, Noordwijk, The Netherlands, December 5–7, 2012, pp. 1–8.

第 8 章　GNSS 抗欺骗式干扰技术

Marco Pini, Davide Margaria

8.1　简介

　　全球导航卫星系统支持各种基于位置的服务(LBS),卫星导航接收机在各个应用领域的使用正在增加。由于具有嵌入式 GNSS 芯片组的智能手机和平板电脑的广泛普及,大众市场部门推动了导航技术的使用。然而,对其他应用领域高精度和可靠测量的高质量 LBS 的需求也在不断增长。如前几章所示,有意或来自其他无线系统的干扰信号会导致导航性能差、定位精度低,并且在恶劣条件下会完全失去信号跟踪。例如,在海事部门,当船舶失去 GNSS 信号时,多个系统会同时发生故障,如自动信息系统(AIS)转发器、船舶陀螺仪校准系统和数字选择呼叫系统[1]。

　　事实上,由于依赖全球导航卫星系统的监视和安全关键系统(如危险品运输和执法)正在成为恐怖分子和黑客非法利用的更具吸引力的目标,一种新的现象已经出现[2-3],它通过干扰测量或欺骗攻击(如前第 3 章所述),增加全球导航卫星系统信号故意被改变的风险。所有这些应用和服务可能都需要强大的对策,基于加密安全信号成为可行的方法。

　　此外,全球导航卫星系统技术越来越多地渗透到商业敏感的 LBS 和责任关键应用中,在这些应用中,关于用户位置或速度的信息被用于法律决策或经济交易的基础,这也促使人们需要使用反欺骗技术(道路使用者收费、随车付费保险、移动支付、地理数字版权管理、在线赌博等)。属于这类应用的应用主要关注估计位置/时间的可靠性(完整性和认证),尤其是为了避免可能的故意欺诈或误判事件[4]。

　　第 3 章介绍了结构化射频干扰信号的特性,还介绍了一些合适的对策示例。本书专注于有效防止欺骗的方法。请注意,欺骗检测和抑制技术是全球导航卫星系统界的一个积极研究课题,新方法和解决方案的数量正在增加。然而,本章的目的是提供尽可能全面的这些方法的一般分类,并简要解释一些已知技术。感兴趣的读者可以参考本章末尾的参考文献列表,以获得每种方法的技术信息和实施细节。

反欺骗技术的第一个宏观分类[5]将这些技术分为非密码欺骗防御(不依赖于信号加密或数字签名)和密码防御(依赖于加密或数字签名 GNSS 卫星广播信号组件的密钥)。

首先,本章介绍了一些针对独立接收机的常见反欺骗式干扰方法(8.2 节),然后介绍了依赖于全球导航卫星系统补充技术的方法(8.3 节)。之后,概述了基于密码防御和适用于民用 GNSS 信号的可能认证方法(8.4 节)。本章以一些评论结尾(8.5 节)。

8.2   GNSS 独立接收机反欺骗技术

随着民用加密全球导航卫星系统信号的设计,人们对独立基于接收机的防御越来越感兴趣,它通过处理接收信号并决定其是否真实的独立。感兴趣的另一个原因是,由于机构优先事项以及采购和部署周期长,目前使用最多的全球导航卫星系统 GPS 没有在其民用信号中纳入认证手段[6]。

通常,用于独立接收机的大多数反欺骗式干扰技术在基带信号处理级别工作,而不试图减轻或消除虚假信号。参考文献[3]对应对措施提供了一个非常清晰和详细的分析,其中一些技术大致分为欺骗检测器(区分是否存在欺骗信号,但不一定减轻攻击的影响)和欺骗抑制(试图消除检测到的欺骗信号,恢复接收器的正确定位能力)。目前业界已经提出了几种类型的对策,它们在复杂性、性能和成本方面具有不同的特点。

在以下小节中,将重点关注基于测量一致性检查的算法(8.2.1 节)和从信号质量监控领域借用的方法(8.2.2 节)。

适用于 GNSS 独立接收机且值得一提的反欺骗式干扰技术主要基于以下机理:

(1)空间处理(与天线阵列的到达方向比较、合成天线阵列中的两两相关、多天线波束形成和零引导);

(2)到达时间鉴别(重点关注欺骗信号中的 PRN 代码和数据位延迟);

(3)相关器输出的分布分析(监控真实信号和欺骗信号之间相互作用可能产生的波动);

(4)残留信号防御(基于欺骗者通常不会抑制真实信号的事实):

(5)接收机自主完整性监测(RAIM),适用于检测伪距异常测量。

对所有这些技术的全面分析超出了本章的范围。然而,有关这些技术的更多细节,感兴趣的读者可以浏览参考文献[3,6 – 10]。

8.2.1　接收机测量的一致性检查

目前的商业接收器通常不包括反欺骗干扰技术。在大众市场产品中实施的传统算法无法识别真实信号和伪造信号。然而,在某些情况下,商业接收机的内部逻辑已经起到了防止简单欺骗攻击的作用。事实上,他们倾向于从位置、速度和时间(PVT)计算中排除不应该在视野中的卫星。

如第 3 章所述,产生伪造 GNSS 信号和实施欺骗攻击的方式多种多样。其中一些欺骗攻击无法将欺诈设备与全球导航卫星系统的时间尺度同步,如果接收机被愚弄,一些接收机测量可能有异常趋势。有效的欺骗检测器可以建立在简单的算法之上,这些算法可以监控接收机内的一些指示信号参数。

一种可行的反欺骗式干扰解决方案可以基于对接收机估计的位置上可能的不连续性(跳跃)的检测。此外,通过简单的欺骗攻击,从真实信号到虚假信号的转换会导致估计的 GNSS 时间出现中断,这在常规 GNSS 处理中是不存在的。第 3 章的图 3.2 举例说明了由于简单欺骗攻击导致的估计位置和时间尺度的不连续性。

除了检测 PVT 时间估计中可能的不连续性外,欺骗检测器还可以基于接收信号功率的监测。除 PVT 外,卫星导航接收机的一个常见输出值是为每个卫星信号测量的载噪比(通常表示为 C/N_0),即卫星信号载波功率与接收天线处噪声功率谱密度之间的比值。接收机持续监测每颗卫星的估计 C/N_0,并寻找任何可能是欺骗攻击迹象的异常变化[11]。接收机可以辨别那些绝对功率比最大可能接收功率高一些分贝(如 2dB)的 PRN。此外,与接收机移动相关的异常功率变化是可能的欺骗攻击的额外指标,事实上,目标接收机天线和欺骗检测器之间的相对运动可以显著改变与欺骗信号相关的 C/N_0。

如果接收机具有多频功能,则可将一个波段(例如 GPS L1)上的 C/N_0 监测与另一个波段(例如 GPS L2)上的 C/N_0 估计进行交叉检查[12]。这种交叉检查利用了一个事实,即不同频段的 GPS 信号之间存在预定义的功率级差异。

考虑到 GPS L1/L2 接收机,除了 C/N_0 外,还可以监测其他接收机测量,其趋势可以在没有干扰信号的情况下预测。例如,可以通过查看 L1 和 L2 上定义的 PRN 对应的相关峰值的相对延迟来设计有效检测器[12]。与干扰情况类似,频率分集是一种固有的对抗措施,因为它迫使欺骗者在多个频带中产生虚假信号,从而增加其复杂性和成本。

请注意,全球导航卫星系统接收机(包括用于大众市场应用的接收机)的当前趋势是多星座设备[13]。观测到更多卫星的可能性提高了定位性能,但也可以被视为由于冗余而对虚假信号的一种可能防御。例如,通过使用视图中的卫星子集计算的导航解决方案之间的一致性检查,属于单个 GNSS 星座的卫星(例如,单 GPS 系统与单 GLONASS 系统)将是实施欺骗检测的一个选项。对于多频率情况,更多的星座增加了欺骗设备所需的复杂性,这些设备应该能够模拟不同的 GNSS 并同时有效。

除了这些方法外,文献中还提出了许多其他解决方案,用于检测和抑制欺骗攻击(例如,参见参考文献[3]),其中值得一提的是代码和相速率测量值的一致性检查(基于在真实信号的情况下,多普勒频率和代码延迟率一致的事实)、GNSS 授时信息(检查从不同卫星获得的 GNSS 时钟的一致性),以及接收到的星历(交叉检查从不同卫星接收到的星历)。

8.2.2 信号质量监测

信号质量监控(SQM)是指在接收机内实施特定算法,以监控接收信号的失真。SQM 是一种简单的方法,可用于在某些测试指标未通过预定义的质量级别时发出警报。SQM 最初被提议用于完整性监测,并被用于观察卫星播发信号的形状。最近,它被认为是防止欺骗攻击的一种有效方法。

SQM 算法基于对接收信号和伪随机码本地副本之间的相关函数的分析[5]。传统的接收机结构适用于执行专门的信号处理,从而实现相关域中的间接监测能力。SQM 算法基于多相关器结构,该结构可检测由于接收信号的不规则性而导致的相关可能失真。这些算法中每个通道使用三个或更多相关器对,每个从属于跟踪对。来自每个相关器输出的测量用于形成检测度量,通常是测量的简单代数组合。图 8.1 显示了与多相关器结构跟踪的 GPS L1 C/A 码信号相关的相关峰值,其中 6 个相关器位于提前(1~6),6 个相关器位于滞后(10~15),三个相关器位于相关峰值(7~9)。相关对(例如相关器 6 和 10(间隔等于一个码片))用于跟踪目的并控制另一对。

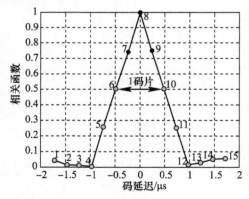

图 8.1　跟踪 GPS C/A 码相关峰值的多相关器结构示例

如图 8.1 所示,在每个积分周期结束时(例如 20ms),可使用一组 15 个相关值来形成检测度量,该检测度量通常与阈值进行比较,以确定相关性是否失真或偏离标称形状。例如,由于中间欺骗攻击而导致的相关函数失真已在前面说明(参见第 3 章中的图 3.3)。过去曾提出过几个 SQM 指标,其中一些指标已在文献[14]中报告和比较。两种常见的 SQM 检测测试是增量测试和比率测试,它们被视为欺骗检测器[15],具有良好的抗中等欺骗攻击性能[16]。

增量测试可识别不对称相关峰,定义为

$$\Delta_m = \frac{I_{E,m} - I_{L,m}}{I_{P,m}} \tag{8.1}$$

式中:$I_{E,m}$、$I_{L,m}$ 和 $I_{P,m}$ 分别为同相提前、滞后和即时相关器输出;m 为指示多相关器结构中相关器对的索引。在分母处除以 $I_{P,m}$ 作为式(8.1)中度量的归一化,使其与接收信号振幅无关。

另一方面,与比率测试相关的度量定义为

$$R_m = \frac{I_{E,m} + I_{L,m}}{I_{P,m}} \tag{8.2}$$

比率测试最初设计用于识别平坦或异常尖锐或升高的相关峰。接下来,通过在实验室进行的实验,讨论使用比率测试检测中等欺骗攻击的示例。

天线端的真实 GPS 信号由一个改进的实时软件接收机进行处理,该接收机起到了欺骗的作用。这种改进的接收机能够对空间中锁定的卫星信号从本地载波开始产生虚假信号并进行扩频。基带上的伪数字信号样本被转换成模拟信号,带到射频,最后与真实信号混合在一起。在初始校准阶段之后,软件接收机调整本地载波频率以恢复前端振荡器的频率偏移。此外,它还实现了一种导航数据比特预测算法,以补偿信号处理块为产生伪信号而引入的延迟。

由真实信号和伪造信号之和生成的复合信号模拟了中等欺骗攻击。复合信号被发送到商用 GPS 前端,存储在存储器中的原始样本通过软件接收机离线处理,实现比率测试。为了更好地理解实验结果,图 8.2 在相关域中绘制了攻击的 4 个时间阶段:

(1)初始阶段(图 8.2,顶部子图)。欺骗信号处于活动状态,但仍然"远离"目标接收机跟踪的实际相关峰值。

(2)接近阶段(图 8.2,第二个子图)。伪信号的峰值接近真货的峰值。

(3)重叠阶段(图 8.2,第三个子图)。伪信号使真实相关峰值失真,并迫使信号提升(如果信号功率高于真实功率)。伪信号引起的相关函数失真可以通过 SQM 算法检测出来。

(4)下降阶段(图 8.2,底部子图)。伪信号功率足够高,以迫使接收器保持

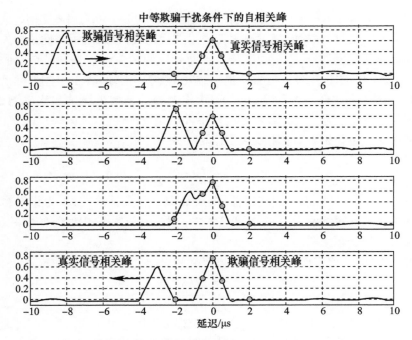

图 8.2　相关域中绘制了攻击的 4 个时间阶段

锁定在伪信号上,伪信号被延迟以引入伪距误差。

图 8.3 报告了攻击这些阶段期间比率测试指标与时间的趋势。

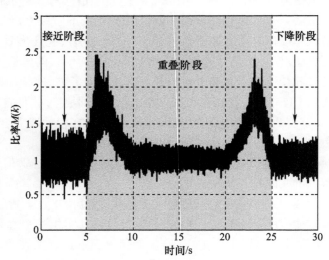

图 8.3　攻击期间比率测试指标与时间的趋势

128

考虑到比率测试旨在揭示相关函数的不对称性,正如预期的那样,当真实和虚假相关峰值发生碰撞时,其趋势变得明显不规则,尤其是在重叠阶段的开始和结束时(图8.3中5~10s,20~25s)。比率测试指标可与预定义阈值进行比较,以在相关失真的情况下发出警报。然而,对于任何决策过程来说,推导虚警和正确检测的概率都很重要。例如,可以采用奈曼－皮尔逊[17]检测器,该检测器实现二元假设检验,能够在零假设和当前欺骗假设之间进行选择[16]。

8.3 混合定位接收机技术

本节介绍了利用 GNSS 接收机外部附加传感器的抗欺骗式干扰技术。这种传感器提供辅助数据,用于交叉检查 GNSS 接收机的测量结果。

其他技术引入的分集不仅是防止欺骗的一道屏障,而且使 GNSS 接收机对射频信号的任何损害都更具鲁棒性。

8.3.1 与惯性系统的集成

欺骗式干扰和压制式干扰设备在分配给 GNSS 频带上非法发射射频信号,在这两种情况下,受攻击接收机都会收到损坏的 GNSS 信号。显然,与外部惯性传感器的集成本质上形成了一道屏障,可防止蓄意攻击,从而提高导航系统的鲁棒性。在详细说明利用惯性传感器检测虚假 GNSS 信号的可能方法之前,下面简要回顾一下 GNSS 和惯性导航系统(INS)集成所带来的好处。

从惯性传感器获得的测量结果显示,每秒之间的噪声相对较低,但由于惯性传感器的固有误差,噪声会随时间漂移。由于机械化过程中集成了该误差,因此它反映在发散位置和速度解中。尽管如此,惯性导航系统的输出是使用惯性传感器提供的数据计算的,这使其不受外部干扰的影响[18]。

另一方面,全球导航卫星系统的测量每一秒都相对有噪声,但偏差是有界的,因此它不会出现长期漂移。因此,GNSS 接收机提供具有有界估计误差的位置和速度估计。尽管如此,GNSS 接收机输出数据的速率低于 INS,并且容易受到干扰、阻塞、干扰等的影响。

GNSS 和 INS 之间的融合已在许多应用中得到实施,因为它提供的性能优于每个设备的独立操作,这是其互补性的结果。基本上,GPS 和惯性测量是互补的,原因有两个:它们的误差特征不同,这些是不同数量的测量。这两个系统可以提供的冗余带来以下主要优势:

(1)当 GNSS 信号不可用时,INS 提供导航信息。

（2）GNSS 测量值可用于通过组合导航滤波器校正 INS 估计值。

如文献[3]和文献[15]所述，与惯性测量单元（IMU）耦合的 GNSS 接收机通过有效地交叉检查接收机的速度估计值与集成 IMU 的加速度测量值来提供保护。来自 IMU 的辅助数据有助于目标接收器识别欺骗威胁，例如通过贝叶斯估计器。

例如，假设 GNSS 接收机与 IMU 以松散耦合的方式集成，并受到中等欺骗设备对其中一颗卫星的攻击。当攻击开始时，接收机安装在静态位置，并且已经跟踪真实信号。如果接收机保持在相同位置，则 IMU 和接收机接收到的速度估计值应为零。然而，如果中等欺骗攻击成功迫使接收机信道跟踪虚假相关峰值（从而失去卫星传输信号的跟踪），则 GNSS 接收机估计的新速度值将不再为零。显然，IMU 继续提供零加速度和速度值。这种测量不一致性在设计欺骗检测器时提供了有价值的信息。IMU 和接收机提供的测量值的差异（或线性组合）可以随时间监控，与阈值进行比较，然后根据需要用于发出警报。当然，同样的例子可以扩展到动态情况，假设有一个移动目标接收机。

8.3.2　与通信系统的集成

在许多 LBS 中，安装在车辆上的导航系统通过 GNSS 计算用户的位置，并通过无线信道将数据传输给第三方。如今，由于智能手机和内置低成本 GNSS 接收器的消费设备的广泛使用，大众市场领域的例子相当普遍。示例包括道路使用者收费系统、智能停车系统、随车付费保险系统和车队跟踪系统。其中大多数都可以被视为责任关键型应用程序，其中一些用户可能会为了获得经济利益而直接欺骗服务。在这些情况下，欺骗的风险不容忽视。

除了前面章节中描述的对策外，与通信系统的混合是增加位置对抗欺骗鲁棒性的另一种方法见文献[3]。事实上，诸如蜂窝网络或 Wi - Fi 站之类的通信系统可以用作无线定位系统，并且可以成为交叉检查 GNSS 数据的宝贵定位源。在涉及通信网络的 lbs 中，用户设备与一个无线小区相关联。从网络上，可以通过小区标识符检索用户应该在的区域，或者通过基于接收信号强度（RSS）或到达时间（TOA）测量的测距测量来估计用户的位置[19]。简单的标准是确定两个定位源的位置是否一致。如果不同解决方案的置信域不相交（GNSS 位置在与小区标识符相关的区域之外），则很可能存在欺骗情况。对于基于网络的位置，仅小区标识符不能提供足够的准确性；然而，考虑到移动电话的大量使用，以及一个蜂窝中通信信道的固定限制，其规模随着人口密度的增加而减小。道路网络也是如此，因此单元的密度在某种程度上与道路的密度成正比,并且通过单元区分道路的可能性在所有地方大体上是恒定的[20]。

8.4　认证技术

参考文献[5]中给出了全球导航卫星系统信号认证的简单定义,即"证明接收到的信号不是伪造的,它来自 GNSS 卫星而不是欺骗式干扰源"。信号认证的概念代表了针对可能的欺骗攻击的一种基于密码学的对策。它要求接收信号中存在加密安全部分(有时称为安全码或数字签名),并且涉及两种认证子类型[5]:

(1)代码来源认证,证明安全代码来源于全球导航卫星系统控制段(来源认证);

(2)代码定时认证,证明安全代码及时到达(到达时间正确)且完整(数据完整性)。

不幸的是,目前的独立接收机无法确保位置真实性,这些接收机仅利用民用 GNSS 信号(例如,使用 GPS L1 C/A 信号)[4]。目前世界已经提出了一些解决方案,但大多数方案都基于客户机 – 服务器方法,其中限制访问 GNSS 信号的隐藏/未知属性(例如军用 GPS L1 P/Y 码[6]、伽利略公共监管服务信号[21]或伽利略商业服务信号[22])。为了验证民用(开放服务)信号,在不同位置之间进行交叉比较。但是,对于仅基于 GNSS 信号的民用应用实施认证解决方案,提出了一些有趣的建议[5,23-29]。例如,已针对现代化 GPS[5]和伽利略开放服务信号[28]提出了对当前民用 SIS(或至少导航电文内容)的修改。因此,有理由期望在不久的将来在 GNSS 信号本身内提供位置认证机制,作为 GNSS 系统的附加值[4]。通过这种方式,未来的接收机将能够对计算的 PVT 解决方案的真实性进行独立评估,从而减少对昂贵的额外传感器或其他欺骗攻击对策的需要(在前面的章节中讨论)。

(1)导航电文认证(NMA):表示通过对导航电文数据进行数字签名从而保持导航电文清晰(即未加密)的方式对卫星导航电文进行认证。

(2)扩展码认证(SCA):在标称(未加密)扩展码序列中嵌入短加密码段。

(3)导航信息加密(NME):指整个导航电文的加密,然后在扩展码上进行调制。

(4)扩频码加密(SCE):表示每颗卫星传输的整个扩频码序列的加密。

以下小节提供了关于这 4 种认证技术的更多细节,其中还讨论了实现方面,包括 GNSS 系统和接收机的相关复杂性,以及对测量和欺骗攻击的鲁棒性。

8.4.1 导航电文认证

罗根·斯科特(Logan Scott)于 2003 年为 GNSS 认证树立了一个重要的里程碑。他在参考文献[23]中讨论了抗欺骗干扰技术和认证机制,建议修改民用 GNSS 信号结构,以纳入明确的认证功能。NMA 解决方案在参考文献[24]中提出,此后,科学文献中的许多论文(例如参考文献[5,25,26])中都提到了 NMA 解决方案。它是指通过对调制后的导航数据进行数字签名来认证卫星信号,通常使用非对称加密算法。

这种技术背后的主要概念是拥有一个具有两个不同密钥的密钥对:一个是私有密钥;另一个是公共密钥。专用(签名)密钥是保密的,只有 GNSS 控制段知道。公开(验证)密钥是公开的,可供系统的任何用户(包括欺诈用户)使用。导航电文由若干数据块组成,其中包含卫星时钟参数和星历。通过数字签名算法(使用私钥)生成这些块的数字签名。数字签名可以使用过去或未来的数据块以加密方式生成,并作为导航数据流中的附加块进行广播。用户通过调制的数据位接收导航数据和签名。在收到完整的消息后,用户可以使用验证功能(知道公钥)对其进行身份验证。

认证过程的健壮性在于公钥/私钥对的加密强度;这意味着仅知道公钥和过去的导航消息数据,攻击者在计算上不可能生成有效的数字签名(恢复私钥)。NMA 的一个突出缺点是身份验证过程中存在延迟。接收机仅能够在接收到导航电文的整个部分(包括有效的数字签名)后对信号进行认证。认证延迟对最终用户应用程序的影响在很大程度上取决于用户和系统需求。事实上,如果 GNSS 接收机必须实时认证接收到的 SIS,则认证延迟肯定是一个问题(例如,网络节点中用于提供定时参考信号的接收机)。

相反,对于将其位置发送到负责监控其位置的远程控制中心的一组用户而言,如果实时性不是一个严格的约束(如监控卡车或渔船船队),NMA 可以是一个合适的解决方案。

需要注意的是,由于 NMA 在导航电文级别起作用,因此它无法确保信号到达的正确时间:它可能无法抵御测量和中间或复杂的欺骗攻击,这些攻击能够解码实时信号并近实时重放伪造信号(SCER 攻击,如 3.4.3 节所述)。为了增强其鲁棒性(同时提供代码源和代码定时认证),建议将 NMA 与一个或多个非密码反加密防御相结合[5]。

表 8.1 总结了 NMA 技术的主要优点和缺点。

表 8.1 NMA 技术的主要优缺点

系统复杂度	低
接收机复杂度	低 + 认证过程在不改变现有硬件结构的条件下,通过改变软件实现 + 对简单欺骗生成骗式干扰鲁棒
针对欺骗式干扰的 鲁棒性	− 存在认证延迟 − 无法抵御转发式干扰以及中等/复杂生成干扰,能够使用实时信号以及实时 转发虚假信号

8.4.2 扩频码认证

SCA 方法扩展了 NMA 概念,在扩展码中紧密绑定了一个额外的安全特性。业界已经为 SCA 机制的实现提出了不同的解决方案。除了导航电文上的数字签名外,在文献[23]的一项提案中,在固定的时间窗口内将额外的代码段插入测距代码中。这些被称为扩频安全码(SSSC),以伪随机比特序列的形式加密生成,作为导航消息数字签名的扩展[23,29]。

请注意,只有 GNSS 控制段知道每颗卫星的认证信息中将要发送的数字签名,这是在实际发送之前的几分钟。数字签名(尚未发送)用于生成 SSSC 序列,该序列与测距码交织。

该策略适用于使用数据和导频信道的那些信号格式(例如,伽利略 E1OS 信号)。SSSC 只能嵌入到一个组件(例如,数据信道)中,而第二个组件(例如,导频信道)可由接收机在 SSSC 间隔期间跟踪传入信号,直到认证过程完成。或者,可以添加加密生成的代码作为附加信号分量,例如作为附加导频信道[28]。

在用户端,为了完成认证过程,接收机必须能够在 A/D 转换器的输出端将原始信号样本存储在内存中。具体而言,接收机精确地知道何时接收到 SSSC,但是在接收到认证消息之前不知道实际的 SSSC 序列是什么。在 SSSC 间隔期间,接收器收集预相关样本[23],并将其存储在存储器中。此外,在 SSSC 间隔期间,接收机将提示相关器的输出处的符号视为擦除。

一旦接收到数字签名,接收器生成安全扩展码的本地版本,然后将其与存储在存储器中的原始样本相关联。如果在正确的功率电平下未检测到 SSSC 及其相关特性,则信号未通过身份验证。

在收到整个导航消息之前,欺骗者无法生成伪造信号。SCA 技术对欺骗具有很强的鲁棒性,除非欺诈用户使用定向天线将信号提升到噪声层以上,并直接观察 SSSC 芯片[23,26,29]。虽然该解决方案在理论上是可行的,但它非常复杂且

133

不切实际(如3.4.4节所述)。

与 NMA 技术一样,SCA 技术也受到身份验证延迟的影响。事实上,只有在接收到完整的导航消息(包括数字签名)后,才能对接收到的信号进行身份验证。使用 SCA 方法的修改版本(例如,指定为私有 SSSC 的技术[23,26])可以缩短认证时间。

表8.2 总结了 SCA 技术的主要优点和缺点。

表8.2　SCA 技术的主要优点和缺点

系统复杂度	低/中 这项技术: - 预见扩展码的附加段的使用(SSSC),并于测距的信号交织在一起; + 可以更好地应用于具有数据特征的 GNSS 信号格式和导频信道
接收机复杂度	中/高 - 要完成身份验证过程,接收机必须能够在 A/D 转换器输出端存储原始样本。 - 接收器必须能够处理数据和导频信道(运行期间跟踪回路失去锁定的风险)如果接收方仅使用一个身份验证过程信道)。 - 受到身份验证延迟的影响,如 NMA
针对转发/生成欺骗干扰的鲁棒性	- 接收者成本的中等增长。 + 对简单和中间欺骗攻击具有鲁棒性。成功的欺骗攻击只能通过使用高增益天线(以便将 SSSC 升高到以上噪底),这在逻辑上很复杂,也很复杂不切实际的 - 无法抵抗转发式欺骗干扰

8.4.3　导航信息加密

在 NME 中,密钥对用于加密/解密导航消息,通常使用对称加密算法。如果用户是可信的(密钥是保密的),则 NME 方法提供认证[26]。

这种类型的身份验证需要将密钥封装在防篡改硬件中,这可能会增加接收方的成本。事实上,接收器体系结构中需要一个用于解密导航电文的附加模块。该模块可使用标准加密接口存储密钥(如智能卡)。

表8.3 总结了 NME 技术的主要优点和缺点。

表8.3　NME 技术的主要优点和缺点

系统复杂度	中 中等的 - 需要密钥对来加密/解密导航消息 - 密钥分发和管理可能是一个问题

	中
接收机复杂度	- 需要防篡改硬件来保密密钥用于解密导航消息。 - 防篡改模块可以位于核心外部导航接收机。 - 不需要获取和跟踪加密的扩展密码 - 接收机成本适度增加
针对转发/生成欺骗 干扰的鲁棒性	+ 对简单的欺骗攻击具有鲁棒性。 - 不符合测量和中等/复杂要求,能够使用实时信号和重播伪造信息的欺骗者 近实时信号(即 SCER 攻击)

8.4.4 扩频码加密

信号认证可以通过加密扩频码来实现,通常使用对称密码算法。目前 SCE 是限制信号采用的解决方案,例如 GPS P(Y)码或伽利略公共监管服务。

在 SCE 方法中,卫星使用的测距码通过伪随机比特序列的模 2 加法进行加密。如果加密流的码片速率与测距码的码片速率相同,则模 2 加法会产生伪随机序列[26]。加密流的码片速率也可以低于测距码的码片速率。在这种情况下,某些代码序列的结果是已知的,符号除外。这限制了认证的可能性,因为这样的代码序列仍然可以被使用,例如执行伪距代码测量。

为了从 SCE 获得完整的用户和信号认证,接收器架构必须包括用于存储密钥和执行本地代码生成的防篡改硬件。这种防篡改模块的实现比 NME 技术所需的更复杂。事实上,在 SCE 的情况下,负责代码生成的整个数字信号处理单元必须得到保护。

表 8.4　扩频码加密技术的主要特点

	中/高
系统复杂度	- 需要密钥来加密/解密扩频码 - 密钥分发和管理可能是一个问题
接收机复杂度	高 - 需要防篡改硬件来保密密钥用于生成扩频码 - 防篡改模块嵌入在导航系统中接收机 - 需要获取并跟踪加密的扩频码 - 接收机的成本和复杂性增加明显
针对转发/生成欺骗 干扰的鲁棒性	+ 对简单化、中等和复杂生成式干扰具有鲁棒性。成功的欺骗攻击可能通过 使用高增益天线来提升信号高于噪底,这是非常不切实际的 - 无法抵抗转发式欺骗干扰

如表 8.4 所列，SCE 技术需要防篡改硬件和密钥的安全管理，这可能是商业应用的问题。然而，SCE 似乎是对付欺骗攻击最有效的解决方案。欺诈用户可能只能通过使用高增益天线将信号提升到噪声层以上，然后直接观察扩频码来破坏系统。原则上，这种攻击是可能的，但不实际(如 3.4.4 节所述)。

8.5 结论

本章对抗欺骗式干扰技术进行了全面概述，包括仅基于 GNSS 信号的独立方法、依赖于 GNSS 补充技术的方法以及基于密码学的认证方法。

请注意，如果单独考虑所提出的方法，则不能认为它们对所有可能的威胁(如第 3 章所述，测量和欺骗攻击)完全有效。然而，为了在合理增加接收机成本和复杂性的情况下增强 GNSS 接收机的稳健性，建议将加密和非加密对抗措施结合起来作为最佳选择。

8.6 参考文献

[1] Dixon, C., et al., "Specification and Testing of GNSS Vulnerabilities," *Proc. European Navigation Conference 2013 (ENC-GNSS 2013)*, Vienna, Austria, April 23–25, 2013.

[2] Wesson, K., and T. Humphreys, "Hacking Drones," *Scientific American*, Vol. 309, 2013, pp. 54–59. doi:10.1038/scientificamerican1113-54.

[3] Jafarnia-Jahromi, A., et al., "GPS Vulnerability to Spoofing Threats and a Review of Antispoofing Techniques," *Int. J. of Navigation and Observation*, Vol. 2012, Article ID 127072, 2012, pp. 1–16. doi:10.1155/2012/127072.

[4] Margaria, D., E. Falletti, and T. Acarman, "The Need for GNSS Position Integrity and Authentication in ITS: Conceptual and Practical Limitations in Urban Contexts," *Proc. IEEE 2014 Intelligent Vehicles Symposium*, Dearborn, MI, June 8–11, 2014, pp. 1384–1389. doi:10.1109/IVS.2014.6856485.

[5] Wesson, K., M. Rothlisberger, and T. Humphreys, "Practical Cryptographic Civil GPS Signal Authentication," *J. Inst. Navig.*, Vol. 59, No. 3, Fall 2012, pp. 177–193.

[6] Lo, S., et al., "Signal Authentication: A Secure Civil GNSS for Today," *Inside GNSS*, Vol. 4, No. 5, September/October 2009, pp. 30–39.

[7] Psiaki, M. L., S. P. Powell, and B. W. O'Hanlon, "GNSS Spoofing Detection. Correlating Carrier Phase with Rapid Antenna Motion," *GPS World*, Vol. 24, No. 6, June 2013, pp. 53–58.

[8] White, N. A., P. S. Maybeck, and S. L. DeVilbiss, "Detection of Interference/Jamming and Spoofing in a DGPS-Aided Inertial System," *IEEE Trans. on Aerospace and Electronic Systems*, Vol. 34, No. 4, 1998, pp. 1208–1217.

[9]   Pini, M., B. Motella, and M. Troglia Gamba, "Detection of Correlation Distortions Through Application of Statistical Methods," *Proc. 26th Int. Technical Meeting of the Satellite Division of the Institute of Navigation (ION GNSS 2013)*, Nashville, TN, September 2013, pp. 3279–3289.

[10]   Humphreys, T. E., et al., "Assessing the Spoofing Threat: Development of a Portable GPS Civilian Spoofer," *Proc. 21st Int. Technical Meeting of the Satellite Division of the Institute of Navigation (ION GNSS 2008)*, Savannah, GA, September 2008, pp. 2314–2325.

[11]   Jafarnia-Jahromi, A., et al., "GPS Spoofer Countermeasure Effectiveness Based on Signal Strength, Noise Power and C/N_0 Measurements," *Int. J. of Satellite Communications and Networking*, Vol. 30, No. 4, July/August 2012, pp. 181–191.

[12]   Wen, H., et al., "Countermeasures for GPS Signal Spoofing," *Proc. 18th Int. Technical Meeting of the Satellite Division of the Institute of Navigation (ION GNSS 2005)*, Long Beach, CA, September 2005, pp. 1285–1290.

[13]   Mattos, P. G., "Markets and Multi-Frequency GNSS," *Inside GNSS*, Vol. 8, No. 1, January/February 2013, pp. 34–37.

[14]   Phelts, R. E., T. Walter, and P. Enge, "Toward Real-Time SQM for WAAS: Improved Detection Techniques," *Proc. 16th Int. Technical Meeting of the Satellite Division of the Institute of Navigation (ION GPS/GNSS 2003)*, Portland, OR, September 2003, pp. 2739–2749.

[15]   Ledvina, B. M., et al., "An In-Line Anti-Spoofing Device for Legacy Civil GPS Receivers," *Proc. 2010 Int. Technical Meeting of the Institute of Navigation (ION ITM 2010)*, San Diego, CA, January 2010, pp. 698–712.

[16]   Pini, M., et al., "Signal Quality Monitoring Applied to Spoofing Detection," *Proc. 24th Int. Technical Meeting of the Satellite Division of the Institute of Navigation (ION GNSS 2011)*, Portland, OR, September 2011, pp. 1888–1896.

[17]   Kay, S. M., *Fundamentals of Statistical Signal Processing: Detection Theory*, Vol. II, Upper Saddle River, NJ: Prentice-Hall, 1998.

[18]   Garcia Quinchia, A., Performance Enhancement MEMS Based INS/GPS Integrated System Implemented on a FPGA for Terrestrial Applications, Ph.D. thesis, Universitat Autònoma de Barcelona, 2014.

[19]   Dardari, D., E. Falletti, and M. Luise, *Satellite and Terrestrial Radio Positioning Techniques: A Signal Processing Perspective*, Boston: Elsevier Academic Press, 2012.

[20]   Bardout, Y., "Authentication of GNSS Position: An Assessment of Spoofing Detection Methods," *Proc. 24th Int. Technical Meeting of the Satellite Division of the Institute of Navigation (ION GNSS 2011)*, Portland, OR, September 2011, pp. 436–446.

[21]   Rügamer, A., et al., "Privacy Protected Localization and Authentication of Georeferenced Measurements Using Galileo PRS," *Proc. IEEE/ION Position Location and Navigation Symposium (PLANS 2014)*, Monterey, CA, May 2014, pp. 478–486.

[22]   Pozzobon, O., et al., "Open GNSS Signal Authentication Based on the Galileo Commercial Service (CS)," *Proc. 26th Int. Technical Meeting of the Satellite Division of*

the *Institute of Navigation (ION GNSS 2013)*, Nashville, TN, September 2013, pp. 2759–2768.

[23]   Scott, L., "Anti-Spoofing & Authenticated Signal Architectures for Civil Navigation Systems," *Proc. 16th Int. Technical Meeting of the Satellite Division of the Institute of Navigation (ION GPS/GNSS 2003)*, Portland, OR, September 2003, pp. 1543–1552.

[24]   Wullems, C., O. Pozzobon, and K. Kubik, "Signal Authentication and Integrity Schemes for Next Generation Global Navigation Satellite Systems," *Proc. European Navigation Conference (ENC-GNSS 2005)*, Munich, Germany, July 2005.

[25]   Hein, G. W., et al., "Authenticating GNSS: Proofs Against Spoofs, Part 1," *Inside GNSS*, July/August 2007, pp. 58–63.

[26]   Hein, G. W., et al., "Authenticating GNSS: Proofs Against Spoofs, Part 2," *Inside GNSS*, September/October 2007, pp. 71–78.

[27]   Lo, S. C., and P. K. Enge, "Authenticating Aviation Augmentation System Broadcasts," *Proc. IEEE/ION Position Location and Navigation Symposium (PLANS 2010)*, Indian Wells, CA, May 4–6, 2010, pp. 708–717. doi:10.1109/PLANS.2010.5507223

[28]   De Castro, H. V., G. van der Maarel, and E. Safipour, "The Possibility and Added-Value of Authentication in Future Galileo Open Signal," *Proc. 23rd Int. Technical Meeting of the Satellite Division of the Institute of Navigation (ION GNSS 2010)*, Portland, OR, September 2010, pp. 1112–1123.

[29]   Kuhn, M. G., "An Asymmetric Security Mechanism for Navigation Signals," *Information Hiding, Lecture Notes in Computer Science*, Vol. 3200, Berlin: Springer, 2005, pp. 239–252.